Q&Aで考える セキュリティ 入門

「木曜日のフルット」と学ぼう!

宮田 健 [著]

JN232078

エムディエヌコーポレーション

第1章
情報セキュリティの基本

第2章
PCとネットワークのセキュリティ

本書の見方

　本書は、インターネットやコンピューターを安全に使うための情報セキュリティの基本知識を、Ｑ＆Ａのクイズ形式で解説したものです。主に会社や家庭でインターネットを利用する一般の方、中小企業でWebサイト・Webサービスなどのセキュリティ担当を兼務されている方に向けた内容となっています。本書の構成は以下の通りです。

😺 Q&Aページ

セキュリティに関するクイズの設問と、解答案となる３つの選択肢が掲載されています。

次のページに正解と、各選択肢について正解・不正解の理由が解説されています。正解を見る前に、答えを考えてみましょう！

😺 解説ページ

クイズに関連するテーマを掘り下げて詳しく解説しています。
自分で行えるセキュリティ対策など、実践的な内容になっています。

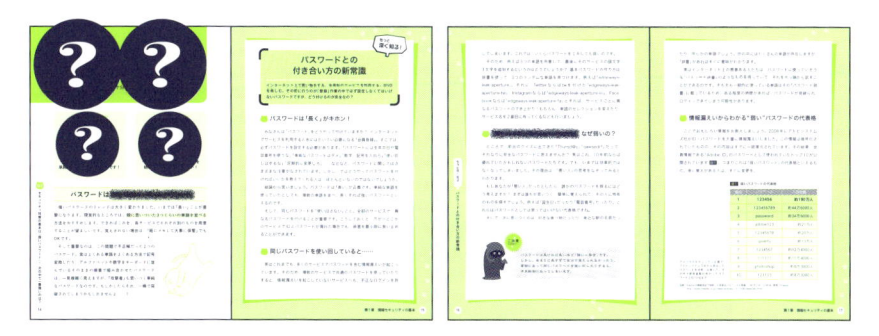

🐾 フルット

『木曜日のフルット』の主人公。
本人はノラネコのつもりだけど、
人間から食べ物をもらったり、
人間の部屋で寝泊まりしたり
する事が多い、中途半端な状態。

鯨井先輩 🐾

『木曜日のフルット』のもう一人の
主人公。ノラネコのフルットに餌
付けしたり、定職に就かずギャン
ブルばかりしているダメな女の人
だが生活能力は何かと高い。

🐾 ブロン

フルットのノラネコ仲
間。素早い動きと得意
のナイフでノラネコ界
をたくましく生きる。

🐾 ウッドロウ

ブロンと同じく厳しい
ノラネコ界を知恵と勇
気で生き延びて来た
ネコ。

🐾 タマ

飼いネコだが、たまに
家を抜け出してノラ
ネコたちとつるんでい
る。

🐾 デン

隣町のネコ一派のボス。
腕力にモノを言わせて
勢力を拡大中の武闘派。

🐾 白川先生

鯨井先輩と同じアパートに
住んでいる漫画家。
穏やかな常識人。

🐾 闇の商人

フルットの前にだけ
現れる謎の存在。

→ 続き（その2）は P175へ

作品紹介

"半ノラネコ"のフルットとダメ飼
い主の鯨井先輩が、仲間たちと
ゆる〜く楽しく暮らすスローラ
イフを描いたショートコメディー。
どこから読んでも、ほっこり笑え
て癒されます。

石黒正数
『木曜日のフルット』
1〜7巻好評発売中
（少年チャンピオン・コミック
ス／秋田書店）

第1章
情報セキュリティの基本

「情報セキュリティ」と聞くと難しそうだし、面倒と思う方もいらっしゃるでしょう。それは半分正解で、半分は間違いです。まずは最重要の基本的なポイントさえ押さえればOK！ 第1章ではその基本をしっかり押さえつつ、「なぜ私たちが狙われてしまうのか？」を気楽に学んでみましょう。キーワードは「パスワード」と「アップデート」、そして「情報武装」です！

気軽な「占い」ページが危険への入り口に

　「情報セキュリティ」というのは、基礎さえしっかり押さえておけば意外と単純です。例えば、セキュリティ対策の一番の基礎は「パスワード」。サイバー犯罪者は、本来はあなたの頭の中にしかないはずのパスワードを狙い、あの手この手でパスワードを奪う攻撃を仕掛けてきます。

　「振り込め詐欺」「オレオレ詐欺」という犯罪の存在やその手口は、いまでは広く周知されています。サイバーセキュリティも同じで「手口を知ること」が対策の第一歩。パスワードが奪われる手口を知っておけば、変化球が来たとしても対策ができるはずです。

　かなり前の話ですが、あるジョークサイトが「Gmail占い」というページを作りました。そこに表示されている入力欄にGmailアドレスとパスワードを入力すると、あなたの性格がわかりますというものだったのですが……。本章の解説を読めば、これがどれだけ危ないページだったのかがわかるはずです。

「オレオレって、
アンタ、誰だよ……？」

Q1

「情報セキュリティ」って どこまで気にすれば いいの？

スマートフォンの普及で、時間や場所を選ばずインターネットを活用できるようになりました。一方で、行動も個人情報が丸裸になる危険性も増えたと言えるかもしれません。

1 個人情報がバレても別にたいしたことはないよ

2 もうすぐ「超AI」が守ってくれる時代になる！

3 いや、いまできることを知ることから始めよう！

正解

3 いや、いまできることを知ることから始めよう！

だからこそ、いまは「知る」ことから始めよう！

① 個人情報がバレても別にたいしたことはないよ

あなたが重要だと思ってなくても、サイバー犯罪者にとっては宝の山！それに、奪われてはじめて重要さがわかるのが個人情報です。

② もうすぐ「超AI」が守ってくれる時代になる！

セキュリティのすごい人たちが、まさにそういう時代を作ろうと努力しています。でも、もうちょっとだけ時間がかかりそうです。

「情報セキュリティ」ってどこまで気にすればいいの？

情報セキュリティ対策のキホンを知ろう

　「情報セキュリティ」と聞くと、やたらと面倒で難しいことばかりのように思えてしまいます。でも、本当は意外と単純なことばかりなのです。

　本書が扱う情報セキュリティに関することは、普段みなさんが使っているスマートフォンやインターネットのこと。そして友達との情報交換に使うSNSや、ビジネスで活用するシステムのことまで多岐に渡ります。しかし、情報セキュリティの基礎となるポイントは、実は同じだったりします。

　本書ではいま、インターネットを取りまく状況を広く把握し、サイバー犯罪者が攻撃をする理由を知ることで、私たちが対処すべき根本的な部分を学ぶことを目的としています。とはいえ、難しく考えることはありません！　セキュリティ対策の基礎である「パスワード」や「アップデート」の重要性を知り、「適切に怖がろう」ということさえ覚えておけば、もはやキホンは完璧。さあ、情報セキュリティを気楽に学んでいきましょう！

Q2

セキュリティ対策の基本は「強いパスワード」！ 次の中で一番強いのは？

デジタル技術に密着した現代の暮らしの中では、
パスワードのつけ方、実はとても重要なのです。
でも、「強いパスワード」って、いったいどんなものなのでしょう？

1

Thursd@y

工夫をして記号を入れた！

2

qawsedrf

ほら、意味のない
文字列になってる！

3

Furutto-Kujirai-Mokuyoubi

長〜くしてみたぞ！

正解 3

Furutto-Kujirai-Mokuyoubi

十分な長さの文字列

① Thursd@y
工夫をして記号を入れた！

工夫したつもりでも、
単純なモノは弱いパスワードです！

② qawsedrf
**ほら、意味のない文字列に
なってる！**

一見謎の文字列も、キーボードを
眺めたらわかるものでは弱い！

パスワードは可能な限り「長く」が強い！

　強いパスワードのトレンドは大きく変わりました。いまでは「長い」ことが重要になります。現実的なところでは、頭に思いついた3つくらいの単語を並べる方法をおすすめします。できればこれを、各サービスでそれぞれ別のものを用意することが望ましいです。覚えきれない場合は、「紙にメモして大事に保管」でもOKです。

　そして重要なのは、この問題で不正解だった2つのパスワード。実はよくある単語をよくある方法で記号変換したり、アルファベットや数字をキーボードに並んでいるそのままの順番で組み合わせたパスワードは、一見複雑に見えますが、「攻撃者」も思いつく単純なパスワードなのです。もしかしたらそれ、一瞬で突破されてしまうかもしれませんよ……！

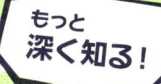

パスワードとの付き合い方の新常識

インターネット上で買い物をする、会員制のサービスを利用する、SNSを楽しむ。その前に行う「登録」作業の中で必ず設定しなくてはいけないパスワードですが、どう付けるのが安全なの？

🐱 パスワードは「長く」がキホン！

みなさんは「パスワード」をどうやって付けていますか？ インターネットでサービスを利用するときにはたいてい必要になる「会員登録」。そこでは、必ずパスワードを設定する必要があります。「パスワードには生年月日や電話番号を使うな」「単純なパスワードはダメ」「数字、記号を入れろ」「使い回しはするな」「定期的に変更しろ」……などなど、パスワードに関してはさまざまな注意がなされています。しかし、ではどうやってパスワードを付ければいいかを教えてくれる人は、ほとんどいないのではないでしょうか。

結論から言いましょう。パスワードは「長い」が正義です。単純な単語を使っていたとしても、複数の単語を並べ、長くすれば強いパスワードといえるのです。

そして、同じパスワードを「使い回さない」こと。全部のサービスで、異なるパスワードを付けることが重要です。こうしておくと、万が一どこかのサービスでIDとパスワードが漏れた場合でも、被害を最小限に食い止めることができます。

🐱 同じパスワードを使い回していると……

実はこれまでも、多くのサービスでパスワードを含む情報漏えいが起こっています。そのため、複数のサービスで共通のパスワードを使っていたりすると、情報漏えいを起こしていないサービスへも、不正なログインを許

してしまいます。これでは、いくらパスワードを工夫しても弱いのです。

そのため、例えば3つの単語を用意して、最後にそのサービスの頭文字3文字を追加するというのはどうでしょうか？ 基本パスワードの作り方は辞書を使って、3つのランダムな単語を見つけます。例えば「edgeways-leak-aperture」。それに、Twitterならばtwを付けた「edgeways-leak-aperture-tw」、Instagramならば「edgeways-leak-aperture-in」、Facebookならば「edgeways-leak-aperture-fa」とすれば、サービスごとに異なるパスワードのでき上がり！もちろん、単語のセレクションを変えたり、サービス名を2番目に持ってくるなども行いましょう。

「Thursd@y」や「qawsedrf」は、なぜ弱いの？

ところで、前出のクイズに出てきた「Thursd@y」「qawsedrf」だって、それなりに安全なパスワードに思えませんか？ 実はこれ、10年前ならば優れていたかもしれないパスワードたちです。でも、いまでは効果的ではなくなってしまいました。その理由は、「悪い人」の思考をなぞってみるとわかります。

もしあなたが「悪い人」だったとしたら、誰かのパスワードを探るにはどう考えますか？ まずは誰もが思いつく、簡単に覚えられて、その人に特有のものを探すでしょう。例えば「誕生日」だったり「電話番号」だったり。これらはパスワードとしては使ってはいけない代表格ですね。

そして、次に思いつくのは、好きな食べ物だったり、身近な駅の名前だっ

ご注意ください…

パスワードは長ければ長いほど「強い＝安全」です。
しかし、あまりに長すぎて自分で覚えられなかったり、
面倒になって同じパスワードを使い回したりすると、
本末転倒になってしまいます。

たり、何らかの単語でしょう。世の中にはたくさんの単語が存在しますが、「辞書」があればすぐに意味がわかります。

　実はインターネット上の悪意ある人たちは、パスワードに使っていそうな「パスワード辞書」のようなものを持っていて、それを片っ端から試すことができるのです。そもそも一般的に使っている単語はその「パスワード辞書」に載っているため、ある程度の時間があれば、パスワードが見破られ、ログインできてしまう可能性があります。

情報漏えいからわかる "弱い" パスワードの代表格

　ここでおもしろい情報をお教えしましょう。2008年にアドビシステムズ社がID・パスワードを大量に情報漏えいしました。この情報は暗号化されていたものの、その内容はすでに一部復元されています。その結果、会員情報である「Adobe ID」のパスワードとして使われていたトップ10が公開されています 図1 。つまりこれは「弱いパスワード」の代表格といえるもの。身に覚えがある人は、すぐに変更を。

図1 弱いパスワードの代表例

順位	パスワード	利用者数
1	**123456**	**約190万人**
2	123456789	約44万6000人
3	password	約34万6000人
4	adobe123	約21万人
5	12345678	約20万人
6	qwerty	約13万人
7	1234567	約12万4000人
8	111111	約11万4000人
9	photoshop	約8万3000人
10	123123	約8万3000人

アメリカのセキュリティ企業が、アドビシステムズ社から流出したパスワードを分析・公表した。その中で使用者数が多かったパスワード上位10位まで

出典：Adobeの情報流出で判明した安易なパスワードの実態、190万人が「123456」使用 (ITmedia)
http://www.itmedia.co.jp/news/articles/1311/06/news040.html

興味深いのは、「qwerty」のように一見複雑に見えるパスワードを、13万人もの人が使っていること。

PCのキーボードをじっくり見てください。このようなパスワードは、実はキーが並んでいる順番に打っただけのものです。それを考えると、なぜ「qawsedrf」がダメななのかはもうおわかりですね。悪い人たちの思考は、私たちが手を抜くことも織り込み済みで、私たちが思いつくことは当然悪い人も思いついていると考えていいでしょう。

「Thursd@y」に関してはどうでしょうか。悪い人ならこう考えます ——「最近パスワードの意識が高くなって、aを@に変えたり、lを1に変えたり、oを0に変えたりする。なら、パスワード辞書にそれを全部登録すればいいんじゃない？」。

そう、すでにパスワード辞書はアップデートされていて、単純な記号置き換えはもはや意味がなくなってしまいました。

ですから、次に私たちが抵抗する方法は……「とにかく長い文字を使う」ことです。実はこの対処を行うだけでも、パスワードの解析に天文学的な時間がかかります。3つ程度の単語ならば、例えばその関連を頭の中で絵にするなどの方法で覚えられるでしょう **図2**。この方法ならば、簡単に悪い人のパスワード辞書にも引っかからず、記号、数字も使わずシンプルです。うまく工夫すれば使い回しも防ぐことができます。

パスワードの新常識として、ぜひ、あなたも「次世代のパスワード」を工夫してみてはいかがでしょうか。

Furutto-Kujirai-Mokuyoubi
（おれとあいつが出会ったときを思い出せばいいのか……）

3つの単語を覚えるには、それらの関係を絵にするといい

図2 パスワードを構成する単語を絵で考えよう

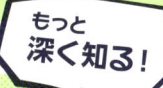
もっと
深く知る！

間違いだらけ！
パスワードの「定期的な変更」

インターネット上のサービスを利用していると、パスワードの定期的な変更を促された経験があるでしょう。さまざまなサービスで強いられる「パスワードの定期変更」は、本当に効果があるのでしょうか？

パスワードの定期変更が生きる場面

　結論から述べると、「パスワードの定期変更」はもうほとんどの場面で無意味です。その理由を解説しましょう。

　まず、「パスワードを変更してよかった！」となる場面を想像してみましょう。パスワードとは、本来はあなたしか知らない情報です。ですので、本当にあなたしか知らなければ、あえて変更する必要はありません。

　しかし、現在では多くのサービスで情報漏えい事故が発生し、パスワードそのものが漏えいする場合があります。すると、あなたしか知らないはずの情報が、悪い人にも知られてしまう場合があるわけです。このとき、漏えいの事実を知った瞬間に、パスワードを変更する必要があります。ここまでは明確ですね。

　自分以外の誰かがパスワードを知ってしまったら、すぐに変える。これが基本。ですから、パスワードを定期変更したところで、情報漏えいしていなければ無駄骨ですし、情報漏えいしていたとしても定期変更が遅れてしまえば、その間に第三者によるログインが成功してしまいます。よく「パスワードは1カ月に一度変更しましょう」というようなお達しが出ていることもありますが、漏えい後最長で1カ月、パスワードが変わらなければ、おそらく悪い人はその間にすべてを持ち去っている可能性が高いでしょう。

　つまり、パスワードは定期的に変更するのではなく「漏えいの事実を知った瞬間に変更する」。これが、最新のパスワードの常識なのです。

パスワード定期変更の弊害

　さらに、悪い方向の影響もあります。みなさんはパスワードを定期変更せよといわれたとき、いままで使っていたパスワードに「1」「2」……と連番を付けて管理していませんか？　パスワードを強制的に定期変更するような仕組みを取ると、人間は手を抜いてしまいます。そのため、むしろ「弱いパスワード」を付けてしまい、悪い人からすれば「簡単に想像できてしまう」パスワードが利用されることが多いのです。

　そのため、日本においても政府機関などで使われる指針では、パスワードの定期変更を利用者に強制すべきではないとされることが増えてきました。利用者にとって面倒なだけでなく、弊害の方がクローズアップされるようになったのです。定期変更を強いるよりも、「強いパスワードを作る」ことのほうが重要というわけです。

こんなときは定期変更をしよう

　ただし、いくつかの場面で定期変更がほんの少し有効である場合もあります。例えば、職場の「共通アカウントのパスワード」などが該当します。運用上どうしてもそのような共通アカウントが存在する場合、組織の人員変更があったらすぐにパスワードを刷新し、さらにごく短い周期で定期的にパスワードを新しくしましょう。さらに望ましいのは、共通アカウントを使わないことです。

　パスワードの定期変更は、代表的な「やったつもりのセキュリティ」です。パスワードの定期変更を促すアラートを使うということは「私たちはパスワードが漏えいしても、自ら気がつくことができません」といっているも同然。サイバー攻撃が巧妙化し、情報漏えいを100％防ぐことが難しいいま、利用者は「情報漏えいの報を聞いたらすぐにパスワードを変更する」こと、サービス提供者は「それでもサイバー攻撃の検知ができるよう監視をし、漏えいしたらその事実を利用者に正しく伝える」ことが重要です。

Q3

アプリやOS、きちんとアップデートしてますか？

みなさんのスマートフォン、もしかして"アップデート"がたまってませんか？　アップデートはちょっと面倒くさいかもしれませんが、怠ると大変なことが起きるかも……。

1 別に新機能なんて必要ないしアップデートはほっといてもいいよね

2 アップデートする理由がきっとあるはず。瞬時にやるべし!!

3 間を取って、1週間に1回くらいやるでいいんじゃない？

2 アップデートする理由がきっとあるはず。瞬時にやるべし!!

いい心がけ! トラブル対応の準備も忘れずに

1 別に新機能なんて必要ないしアップデートはほっといてもいいよね

アップデートは放置したらダメ!

3 間を取って、1週間に1回くらいやるでいいんじゃない？

普通に使うなら
ちょうどいいタイミング。
ただし、例外もあります

アップデートは「しばらくたったら」必ず適用

　スマートフォンを使っていると、アプリは日々アップデートが行われ、より便利な機能が追加されたり、不具合が修正されるようになっています。しかし、最近ではアップデートすると不具合が発生するなんてこともよく聞きますし、アップデートは面倒くさいという気持ちもわかります。そのため、みなさんには少々ゆるめのルールを提案したいと思います。

❶ アップデートはできる限り適用するが前提
❷ ただし、初期の不具合を避けるため、アップデートから1週間くらいは様子を見てもいい
❸ 不具合がなさそうならば、思い切って適用する!

　ただし、❷に関しては1週間の猶予が許されない、とにかく即座にアップデートすべき例外もあります。それに関しては次ページ以降で解説をしていきます。

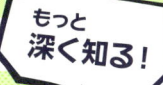

アップデートって、本当にそれほど重要なの？

スマートフォンのアプリでよく表示される「アップデートしてください！」というメッセージ。どうせ余計な機能が加わるだけと、放っておいてはいませんか？

🐱 実は重要な「アップデート」をするべき理由

みなさんのスマートフォンには、AppStore や Google Play の「アップデート」がたまっていませんか？ アップデートをすると、これまで慣れ親しんでいたアイコンが変わってしまったり、余計な機能が追加されて、いつも便利に使っているテクニックが利用できなくなったり……「アップデートはめんどくさい」という印象があるかもしれません 図1 。

図1
アップデートが溜まっているスマートフォン

でも、実はアップデートはとても重要なもの。アプリのアイコンの形や機能が変わったとしても、最終的には必ず適用してほしいのです。その目的は、やっぱりサイバー攻撃を防ぐためにあります。

🐱 「アップデートを行う＝脆弱性が減る」と考えよう

アップデートでは、単に新しい機能が追加されるだけでなく、「脆弱（ぜいじゃく）性」と呼ばれる致命的な不具合が修正される場合が増えてきています。脆弱性とは、サイバー犯罪者たちが攻撃のきっかけにする、一撃必殺の"弱点"のようなものです。悪い人たちがこの弱点を突くと、普通には考えられないようなことができるようになります。

例えば見た目は単なるジョークアプリに見えて、その裏では密かにSNSの登録情報やあなたの位置情報を盗んでしまう、といったような。サイバー犯罪者たちはこの脆弱性が大好きです。脆弱性が残っているアプリが一つでもあれば、それを活用し悪いことに使えるからです。

脆弱性は何もスマートフォンアプリだけに存在するものではありません。むしろPCこそ、この脆弱性の問題が大きいのです。基本的には最新のOSであればあるほど、脆弱性は少ないものです。WindowsもmacOSも、iOSもAndroidも必ず、公式が提供している最新のアップデートをインストールしておくことが何より重要。最新に更新しておきさえすれば、サイバー犯罪者たちから身を守ることができる可能性が高まります。

とはいえ、矛盾するようですが、アップデートにトラブルも付きもの。対策としては、まず可能な限りデータのバックアップを行っておくこと。さらには不要な初期トラブルに捕まらないよう、最新版がリリースされた直後はアップデートを行わず、いったん1週間くらい様子を見るのもいいかもしれません。たいていの大きなトラブルは、1週間もするとIT情報系のニュースサイトなどできっちり報道され、再修正されたアップデートが公開されるはず。新しもの好きでなければ、1週間ほど様子を見て、その後問題がなさそうなら適用する方法も一つの手です。

🐱 即適用の例外はやっぱり「脆弱性」

直後はアップデートせず1週間くらい様子を見て、と述べましたが、例外があります。数年に一度ですが、まだあきらかになっていない未知の脆弱性を使った、破壊的なサイバー攻撃が発生することがあるのです。この場合は脆弱性を修正するアップデートを適用しない限り、次々と感染が広がるため、1週間も待ってはいられません。最近では、日本でも話題になったランサムウェア「WannaCry」がこのタイプの攻撃でした。

このような攻撃もありますので、これもニュースなどの報道を注視し、「すぐに適用すべし！」という注意喚起が行われた場合は速やかに適用してください。

「脆弱性」って、そもそもどんなもの？

OSやアプリのアップデートは脆弱性をなくすため。よく耳にする話ですが、脆弱性とはいったい何なのでしょうか？ もうちょっとだけ、ITの世界における脆弱性を理解しておきましょう。

😺 そこを突かれると、ひとたまりもない弱点

インターネットやITの専門家ではない方にも「脆弱性」がイメージしやすいよう、例え話をします。

その昔、ギリシャ時代の神話の世界。プティーア王ペーレウスと海の女神テティスの子として、アキレスが生まれました。その後不死身の英雄となる、あのアキレスですが、生まれた直後にテティスは我が子を不死身にするため、冥府の川ステュクスに息子を浸しました。しかし、テティスはアキレスの「かかと」をつかんでいたため、そこだけ川の水に浸らず、「かかと」が弱点となったのです。これが「アキレス腱」の名前の由来になっています。そして、不死身のアキレスですら、アキレス腱を射貫かれて命を落としたのです。

この一撃必殺の弱点、それこそが「脆弱性」です。いくらセキュリティ対策を施し、正攻法で守っていても、脆弱性が残っているとそこから攻撃が成立し、思いも寄らぬことが起きてしまうかもしれないのです。

😺 脆弱性と「バグ」は違うもの？

もしかしたら、脆弱性に対して「これってバグなんだから、そもそもそんな不具合を放置して販売するなんて！」と思う方もいるかもしれません。しかし、これに関しては「動かない」というタイプの不具合とはまったく異なり、かなりトリッキーな“弱点”であると考えてください。

基本的には、アプリやOSは「設計書通りに動く」ものが公開されています。ところがこの脆弱性とは、パズルのような仕組みを使い、細工を凝らした文書ファイルを開くと特定のサーバーにアクセスし、別のプログラムをダウンロードするなど、通常は行えないことを実現できます。設計書にないことを無理やり実行できてしまうのが、脆弱性という不具合です。発見しづらいのが大きな問題ですが、発見できれば直すこと、つまりアップデートすることで対応が可能です。

脆弱性を悪用した攻撃の中には、PCやスマートフォンを完全に支配下に置くことができるものも存在します。それはつまり、遠隔操作をしてあなたになりすまし、踏み台として誰かを攻撃することも可能なのです **図1**。被害者から加害者になる可能性があるというのは、ちょっと問題ですよね。だからこそ。アップデートが重要なのです。

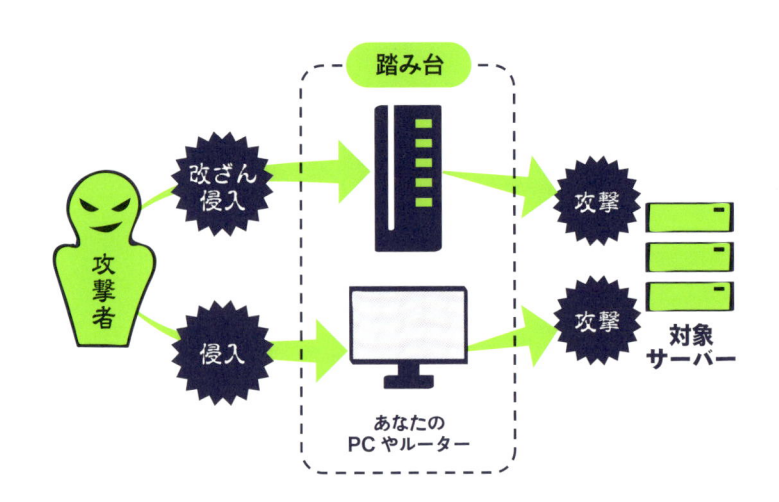

図1 踏み台攻撃のイメージ

知らないうちに加害者になってしまうこともある

Q4

パスワードを盗む サイバー犯罪者。 どうやって対抗する？

パスワードを盗まれたらもう終わり、でも、情報漏えいは止まらない。このままではサイバー犯罪者の思うつぼ……。私たちにできることって、何があるの？

1 気合いを入れて、がんばるしかない！

2 パスワードじゃなくて「何か」。あるんじゃないの、何かが

3 パスワードを5個くらい入力すればより安全！

正解 2 パスワードじゃなくて「何か」。

そう！「何か」に頼るのです。意外でしょ？

①
気合いを入れて、がんばるしかない！

気合いだけではもう守れないのです。
パスワードだけではない仕組みを
取り入れましょう。

③
パスワードを5個くらい入力すればより安全！

実はこれ、そんなに安全性は
変わらないんです。

「記憶」だけに頼らないのが一番！

サイバー犯罪者はあなたの「お金」を狙い、あなたが「あなた」であることを証明する認証情報、つまり「パスワード」を狙っています。各種サービスの脆弱性を突いたりあなた自身から盗み出すことによって、パスワードの情報が漏えいしてしまうと、お金を含む大事な情報が盗まれてしまいます。

本来ならば、各種サービスに保存したパスワードを盗まれないように強固なセキュリティを施してもらうことくらいしか、対抗策はありません。しかし、サイバー世界には私たちが想像できないほどの技術を持ったサイバー犯罪者がいるだけでなく、逆に想像をはるかに下回るセキュリティ対策しか施されていないサービスも多いのです。そのため、パスワードを絶対に盗まれないようにするのは、正直難しいと言わざるを得ません。

ならば、パスワード、つまり"記憶"だけに頼らない仕組みを取り入れるべきなのです。その一つの方法が「2段階認証」と呼ばれる仕組みです。

パスワードが漏れても大丈夫!?「2段階認証」を学ぶ

パスワードが漏れることを止められないのならば、まずは使い回しをやめること。そしてもう1つ重要なのは最近よく聞くようになった「2段階認証」！ ところで2段階認証ってどんなものでしょう？

🐱 「2段階認証」とはどんな仕組み？

2段階認証は文字通り、認証を「2段階」で行うもの。1段階目はパスワードを利用し、その後もう1つ、何らかの要素を利用して認証を完了させます。

2段階認証は「2要素認証」と呼ばれる考え方をもとにしています。2要素認証の「要素」とは、次の「認証の3要素」の分類にもとづいたものです。

- **記憶情報**（Something You Know）
  … 例）あなたの頭の中にあるパスワードなど
- **生体情報**（Something You Are）
  … 例）あなたの指紋や瞳などの固有の情報
- **所持情報**（Something You Have）
  … 例）物理的にあなたしか持っていないもの

このうち、パスワードは記憶情報です。2要素認証では、認証の3つの要素のうち2つを選択するというものをいいます。これを2段階に分けて行います。パスワードを1つ目としたら、例えば指紋認証／顔認証を追加する、もしくはあなたしか持っていないスマートフォンや物理的な鍵をもとに認証すればいいのです。これならば、パスワードが漏えいした場合でも、サイバー犯罪者が持ち得ない生体情報や所持情報を確認することになるため、ログインができなくなるのです。

その考え方では、「パスワードを複数設定する」ことは2段階認証として

は弱いことがわかります。なぜなら、パスワードが漏えいした前提ならば、ほかのすべてのパスワードも漏えいしている可能性が高いからです。これですと、複数のパスワードの入力でログインが煩雑になっただけで、さほど安全性は高くならないという結果になります。

一番簡単なのは「スマートフォン」という所持情報の併用

最も簡単な2段階認証は、パスワードに加え、何らかの「所持情報」を利用すること。その何かとは「スマートフォン」がもっとも便利でしょう。

最近では、セキュリティを重要視するサービスのほとんどが2段階認証を利用できます。例えばログインを行うときに、ユーザーID、パスワードを入力後、スマートフォンにプッシュ通知やSMSで6桁の数字を通知し、それを入力することで本人確認をするというものです。パスワードに加え、毎回異なるワンタイムパスワードを追加するようなものですね **図1**。

これならば、パスワードを盗み出してログインしようとしても、6桁のワンタイムパスワードが利用者本人のスマートフォンでしか見られません

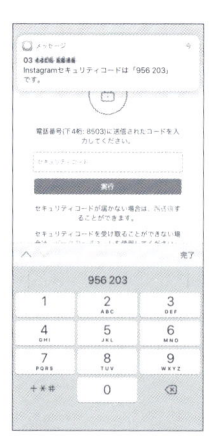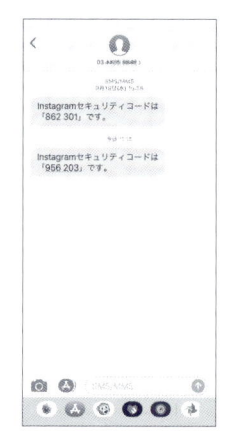

図1 Instagramの2段階認証

ID・パスワードを入力すると、セキュリティコードがSMSで送信される。iOSはSMSの内容を自動で認識してくれるので便利

ので、不正なログインは失敗します。さらに、利用者はログインしようとしていないのにメッセージが通知されるため、「何かあったな？！」と気づくこともできるのです。

iPhoneも最新のiOS 12にしておけば、スマートフォンに送信された6桁のワンタイムパスワードを自動で認識する機能も追加されました。これを使えば、2段階認証も簡単に利用できますね。

🐱 パスワードを入力しないのに ログインできるようになる！？

この仕組みを考えると、「パスワードがなくてもいいのでは？」と思うかもしれません。実は、すでにパスワードなしでログインできる仕組みがあります。例えばYahoo! JAPAN IDでは、一部のサービスで新規ユーザー登録を行うときにパスワードを設定せず、携帯電話番号を入力し、SMSで確認コード（ワンタイムパスワード）を入力すればログインが可能になる仕組みを導入しています。もはやパスワードを使わないという認証方法も登場しているわけです。

それ以外にも、多くの方が利用するGoogleのアカウントは、パスワードは設定するものの、普段のログインではパスワードを利用しない仕組みを提供しています。しかも、6桁のワンタイムパスワードすら使いません。一体どうしているのでしょうか？

Google アカウントの「2段階認証プロセス」の設定をする画面を見ると「確認コードの入力が面倒な場合」というメッセージが書かれています。この設定を行うと、GoogleへのログインはID（Gmailのメールアドレス）を入力すると、スマートフォンにプッシュ通知でメッセージが表示され、「ログインしようとしていますか？」と聞かれます **図2**。もし本人がログインしたタイミングで表示されたものであれば、このメッセージに対して「はい」と答えれば、ログインが完了します。これも、スマートフォンという物理的なものが鍵になりますので、パスワードを一切入力しなくても、本人確認としては十分といえるでしょう。

ただし、2段階認証をスマートフォンで実施する場合、パスワードと同じくらいしっかりとスマートフォンを「物理的に」守る必要があります。そのため、画面ロックは必ず設定してください。画面ロックに指紋や顔を使った生体認証を使えばバッチリです。2段階認証も以前より簡単になりましたので、ぜひ活用してください。

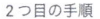

> **2つ目の手順**
> パスワードを入力すると、2つ目の確認手順について尋ねるメッセージが表示されます。詳細
>
> **確認コードの入力が面倒な場合**
> スマートフォンで受信した Google メッセージ　　GOOGLE からのメッセージを追加で [はい] をタップしてログインします。
>
> **認証システム アプリ （デフォルト）** ⑦
> iPhone 上の認証システム

図2 Google アカウントの「2段階認証プロセス」

「確認コードの入力が面倒な場合」を選び設定を行うと、ログイン時にはスマートフォンにプッシュ通知でメッセージが送信されるようになる

ご注意
ください…

2段階認証を設定したところで、
スマートフォンを落としてしまったり、
万が一盗まれてしまったりしては、
元も子もありません。

Q5

ランサムウェアの被害に遭わないためには？

あなたのデータを人質にする「ランサムウェア」。
大事な写真や動画が二度と見えなくなってしまうかもしれません。
いつ襲ってくるかわからないランサムウェアへの対策は？

1 ランサムウェアが届かないようにひっそり暮らせばいい！

2 ウイルス対策ソフトを入れる

3 やられてもデータのバックアップがあればいいんじゃない？

正解 **3**

やられても バックアップがあれば いいんじゃない？

万が一ランサムウェアにやられても大丈夫なようにするのが重要。暗号化されても復活できるようバックアップを！

1 ランサムウェアが 届かないように ひっそり暮らせばいい！

ランサムウェアは大量にばらまかれる傾向があるため、迷惑メールが1通でも届く人なら、対象になってしまう可能性があります。

2 ウイルス対策ソフトを 入れる！

ウイルス対策ソフトもランサムウェア対策機能が追加されてはいますが、これだけでは完ぺきな対策は難しいのが現状です。

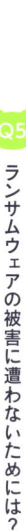

Q5 ランサムウェアの被害に遭わないためには？

ランサムウェア対策、特に重要なのはバックアップ

　あなたのデータを暗号化し、返してほしければ身代金を払えという、とてもずる賢い攻撃が「ランサムウェア」。個人・企業を問わずまんべんなく攻撃してきます。

　実はランサムウェアも、メールに添付された悪意あるファイルや、問題のあるWebサイトからダウンロードしたファイルをきっかけに侵入するもの。これはこれまでの「マルウェア対策」と変わりません。また、ランサムウェアも最初のきっかけとして脆弱性を利用しますので、「脆弱性をふさぐ＝アップデートを適用する」など、普段のセキュリティ対策で防げるものです。基本をしっかり対策すれば怖くありません。

　さらに仕上げは「バックアップ」。マルウェア対策をしても、既知の脆弱性をアップデートでふさいでいても、ランサムウェアの被害に遭う可能性があります。そのため、大事なデータはバックアップしておきましょう。これなら、暗号化されたり消去されても大丈夫です。

もっと
深く知る！

「ランサムウェア」の傾向と対策

企業のみならず個人をも標的にする「ランサムウェア」。PC に保管している仕事のデータや思い出を記録した写真など、大切なものを奪われないために、私たちができることを探っていきます。

とんでもないものを盗んでいく「ランサムウェア」

みなさんは「ランサムウェア」という言葉を聞いたことがありますでしょうか。PC を使っていると、突然画面が変わり、英語で警告がされます。その内容は「あなたの写真や動画、テキストファイルなどはすべて暗号化した。暗号化を戻してほしければ、ビットコインを指定の口座に振り込め」といったもの。これはあなたのデータを人質にし、身代金として仮想通貨を要求する、大変狡猾なマルウェアによる攻撃です。

いま、多くの方がデジタルカメラを持っています。フィルムのカメラを今も使っている人はごく少数でしょう。つまり、みなさんの思い出である写真は、そのほとんどがデジタルデータのはず。旅行先で撮った家族の思い出の多くは、jpg ファイルとして PC のなかに保管されていますね。もしその思い出が、ランサムウェアによって暗号化されてしまったとしたら、十数年間の記録がすべて水の泡になってしまうかもしれません。これは取り返しのつかないこと。ランサムウェアとは、そういった大事なものを奪う、卑怯極まりない攻撃だといえるでしょう。

ランサムウェア対策の重要なポイントは「バックアップ」

まず、ランサムウェア対策のもっとも重要なポイントは、大事なデータは必ず「バックアップしておく」ということです。特に写真やビデオ（動画）

など、あなたが作り出し、あなたしか持っていない情報は、必ずバックアップを取りましょう。とはいえ、このバックアップという行為はなかなか難しく、ほとんどの人が「重要だとは知りつつも、やっていない」というのが現状でしょう。

　ですから、バックアップの基本は「知らず知らずのうちにできているようにする」ことです。例えばほとんどの人が使っているスマートフォンで撮った写真ならば、iOSなら「iCloud」、Androidなら「Googleフォト」などのクラウドサービスと連携し、クラウド上でバックアップを取ることをお勧めします。この方法ならば、自宅のWi-Fiにつながっていれば充電中に自動でバックアップが取られます。PCに保存した写真も、同じくiCloudやGoogleフォトを活用するのが大切です。

　それ以外のWord文書やExcelデータといった仕事のファイルなども、Googleドライブ（Google One）やOneDrive、Dropboxなどのクラウドストレージサービスを利用するといいでしょう。これらのクラウドストレージサービスは、昔の状態に戻す機能があります 図1 。そのため、万が一ランサムウェアの被害に遭っても、元の状態に戻すことができるのです。特性を知って上手く活用すると、クラウドストレージサービスはデータをPCの中に入れておくよりも便利で、使い勝手のよいものです（→P63）。

（→P63）

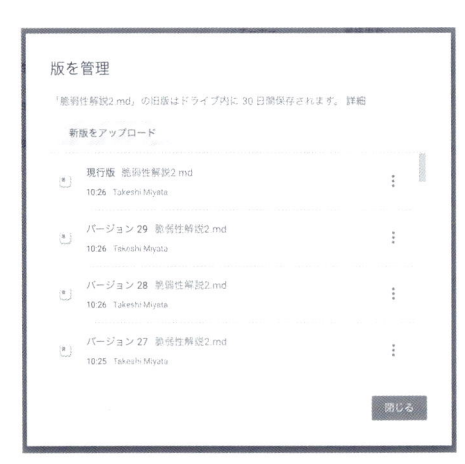

図1 Googleドライブの履歴管理
クラウドストレージサービスを使うと、PCだけでは実現できなかった「昔のファイルに戻る」ことができる

根本対策はやっぱり「アップデート」

　このランサムウェアも、日々新たなものが登場しており、ウイルス対策ソフトだけでは防ぎ切れないのが現状です。ランサムウェアの多くはWebサイトからデータをダウンロードする、あるいはメールに添付されたファイルをクリックすることで感染しますが、Webブラウザを見ず添付ファイルをクリックしなくても、侵入してくる脅威が数年に一度登場しています。最近では2017年5月に話題になった「WannaCry」がその例外の一つです。WannaCryはPCネットワークに接続されていただけで感染するというワーム／ランサムウェアでした **図2** 。しかしこれも、Windowsのアップデートがしっかり行われている場合は、WannaCryが利用する脆弱性をふさぐことができました。

　ランサムウェアが利用する「脆弱性」をなくしておけば、ランサムウェアを実行しても暗号化まで至らず、防ぐことができるかもしれません。そのため、やっぱり「アップデート」が対策の1つといえるでしょう。

　普段のアップデートを怠らず、さらにはバックアップで身を守っておけば、ランサムウェアも怖くありません。大事な思い出を守るため、いまできることをしっかりやっておきましょう。

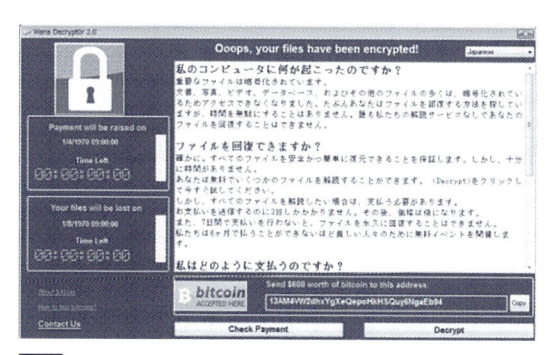

図2 「WannaCry」感染時に表示される画面の例

企業がランサムウェアの被害に遭ったら

　ランサムウェアのずる賢い点は「被害者から直接金銭を奪う」こと。思い出の写真など、大事なデータを"人質"にするわけですから、個人が被害に遭ったら支払うしかない場面もあるでしょう。

　もし「企業」がランサムウェアの被害に遭ったとき、「反社会組織」であるランサムウェアの攻撃者に、やすやすと身代金を支払ってもいいものでしょうか？この答えは企業によってさまざまだと思いますが、筆者としては、この時点で「絶対に払ってはならない」と決めつけるのはよくないと考えています。

　多くの場合、企業がランサムウェアの被害に遭うと、システムが甚大なダメージを被ります。システムが止まれば、その対応に追われるだけでなく、入ってくるはずの売上が上がらない、取引先との関係がなくなるなどの被害が発生するわけです。それらの総被害額と身代金を天秤にかけたとき、身代金を払うほうが合理的だという判断になるケースも多いでしょう。実際、2018年にアメリカで発生したランサムウェア被害では、企業が身代金を払うことで復旧させた事例も増えています。反面、支払いを拒否した結果、一カ月以上もシステムが復旧できないという事例もありました。

　もちろん、身代金を払ってもデータを復活できない可能性もあります。しかし最近では、なんとも奇妙に話に聞こえますがランサムウェアの攻撃者も「信頼」を重要視し、お金さえ払えばちゃんとデータが戻ることをアピールし始めています。そのため、身代金を支払うという選択を最初から外すことは、被害を広げることにつながるかもしれないのです。

　そして最も重要なのは、ランサムウェアの被害に遭っていない平時の時点で「我が社にランサムウェアの被害が発生し、データのバックアップがないとわかったら身代金を支払うか？」ということを話し合っておくべきです。支払う可能性があるのならば、ビットコインなどの調達方法も合わせて調査しておきましょう。

Q6

どうすれば、サイバー攻撃やウイルスからコンピューターを守れるの？

コンピューターウイルスは「マルウェア」の一つで、
ほかにもいろんな攻撃があるみたいだけど、
どうやって自分のコンピューターやデータを守ればいいの？

1 種類がいっぱいあるから、それぞれに応じた守り方が必要だよ

2 セキュリティ対策ソフトが全部やってくれるから、任せればいい！

3 攻撃の種類はたくさんあっても守り方は一つ！だったらいいな…

攻撃の種類はたくさん あっても守り方は一つ！ だったらいいな…

たった一つとまではいきませんが、実はあるポイントさえ押さえれば、ほとんどの脅威から身を守れるでしょう。

1 種類がいっぱいあるから、それぞれに応じた守り方が必要だよ

もちろん攻撃の種類に応じた防御方法も重要。でも、基礎さえしっかりしておけば、そのほとんどはカバーできる可能性が高まります。

2 セキュリティ対策ソフトが全部やってくれるから、任せればいい！

ほぼ正解……とも言えますが、ウイルス対策ソフトは人の脆弱性までは補ってくれません。そのためにも情報武装が必要です。

Q5
どうすれば、サイバー攻撃やウイルスからコンピューターを守れるの？

サイバー攻撃の種類はたくさんでも、恐るるに足らず

　マルウェアとは「悪意のあるソフトウェア」の総称です。例えばプログラムが自分自身をコピーしてほかのデバイスに感染する「（コンピューター）ウイルス」や「ワーム」、正規のプログラムに寄生し、有害な動作を行う「トロイの木馬」などが代表例。このほかにも数多くの種類があり、攻撃手法も実に多種多様です。

　しかし、こうした悪意あるプログラムに共通するのは、「Webサイトからデータをダウンロードする」または「メールに添付されたファイルや、本文中に記載されたURL・リンクをクリックする」といった行為が引き金になり感染するということ。さらに、ほとんどのマルウェアはコンピューターやソフトウェアの既知の脆弱性を利用し、不正なプログラムを実行させるのです。ですから、メールやWebサイトから入り込むマルウェアを検知し止める、同時に最新のソフトウェアアップデートを適用して既知の脆弱性をなくすだけで、大半のものは防ぐことができます。

サイバー攻撃の種類を知り、防御策を学ぼう

サイバー犯罪者たちによって日々生み出されているマルウェア。その種類は実に多種多様ですが、代表的なマルウェアのタイプや特徴を知ることで攻撃の手口や防御策をイメージしやすくなるはずです。

マルウェアって、どんな攻撃をするの？

ひと言で「マルウェア」といっても、なかなかイメージができない方も多いでしょう。マルウェア（malicious ＋ software ＝ Malware）とは迷惑な行動を起こす悪意あるソフトウェア全般を指す造語で、これまではコンピューターウイルスと呼んでいたものを、さらに拡張したものです 図1 。

では、マルウェアにはどのようなものが存在するのでしょうか？

● 自己複製し感染するプログラム：コンピューターウイルス

まずはコンピューターウイルス。これは現実世界のウイルスのように、宿主に寄生し、さらには自己複製することで感染させるプログラムコードを指します。感染手法は例えば電子メールだったり、Webサイト上に置かれるものだったりとさまざまです。これが一番イメージしやすいでしょう。同様の行動を行うものとして「ワーム」と呼ばれるものも存在します。

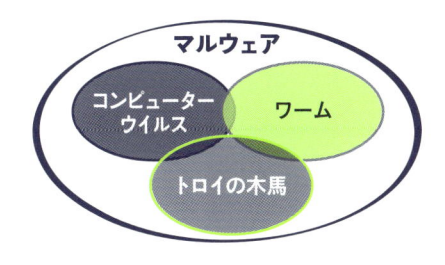

図1 悪意のあるさまざまなソフトウェアの総称が「マルウェア」

● 身代金を直接要求し、換金性の高さが特徴：ランサムウェア

　ランサムウェアは広義のコンピューターウイルスですが、デバイスを起動させない、データをすべて暗号化するなどの方法で、利用者に対して直接的に金銭（身代金）を要求する攻撃手法です（→P35）。コンピューターウイルスは利用者に見つからないための仕組みを使うことが多いのですが、ランサムウェアは気づいてもらえないと身代金を要求できないため、派手に感染したことをアピールするのも特徴です。

● 正規プログラムに寄生し、不正な行動を起こす：トロイの木馬

　ギリシャ神話のトロイア戦争での出来事のように、正規のプログラムに巧妙に寄生し、悪意のある行動を起こすような攻撃手法です。感染はコンピューターウイルス同様に入り込みますが、自己複製・増殖はしないものをこう呼びます。

● あなたの行動を盗み見て情報を奪う：スパイウェア

　スパイウェアはあなたの「行動」を監視するマルウェアです。例えばデバイス内部に存在する情報を密かに外部に送信するといったもので、ほかのプログラムをインストールすると同時に混入することがあります。

● あなたが入力する文字をすべて奪う：キーロガー

　キーロガーはキーボードから入力される文字をすべて盗聴し、記録して外部送信を行うものです。パスワードなどもキーボードから入力されるため、そうした情報を奪われるのは致命的。マウスの動きを動画で盗み出すなどのキーロガーも存在します。

● 極小ながら影の立役者として活動：ダウンローダー

　ダウンローダーとは、単体では「ほかのプログラムをダウンロードする」ことのみを行うもので、攻撃の第1歩として感染させる小さなマルウェアです。ダウンロードしてくるファイルはほかの種類のマルウェア。ダウンローダー自体はとても小さいため検出がしづらく、直接複雑な攻撃が行え

るマルウェアを送り込むよりも成功率が高くなるため、攻撃では多用されるようになりました。

● セキュリティ機構もパスワードも乗り越える：バックドア

バックドアも攻撃の成功率を高めるためのマルウェアで、攻撃の初期に「通常とは異なる侵入経路」を作り出します。裏口を作ってしまえば、セキュリティが厳しい表玄関から入る必要はありません。

● リモートアクセスですべてを遠隔操作可能に：RAT

RAT（Remote Administration Tool）はリモートアクセスで、対象のデバイスを遠隔操作できるというもの。デバイスの管理者権限を奪い、さまざまなコマンドを実行可能にしてしまいます。もちろん、情報を詐取するための本攻撃に使われます。

● OSの奥深くに入り込み、痕跡を残さない：ルートキット

ルートキットは、LinuxやWindowsなどのOSに入り込み、管理者権限でさまざまなコマンドを実行できてしまう攻撃コードのセットです。これを利用されると、さまざまな行動がひっそりと行えるだけでなく、ログの改ざんを行い、その痕跡を消すことが可能な場合もあります。そのほか、キーロガーやRAT、バックドアなども仕掛けることができるなど、高度なツールとして活用されます。

敵を知り、己を知る
―マルウェアから身を守るために

たくさんあるマルウェアによる攻撃から、いったいどうやって自分の身を
守ればいいのでしょうか？ 難しくとらえず簡単に考えてみると、解決策
が見えてきます。

🐱 さまざまなマルウェアからどうやって身を守る？

　前節でさまざまなマルウェアの種類を見てきましたが、「正直、よくわか
らない」という感想を抱く方も多いでしょう。ネットワークやシステムの管
理者や情報セキュリティを生業にしている方でなければ、個別の名称や仕
組みの違いを一つ一つ覚えることはあまり意味がないと、筆者自身も考え
ています。なぜなら、マルウェアにたくさん種類があっても、一般のインター
ネットユーザーが取るべき防御策は単純だからです。

　簡単に考えてみましょう。マルウェアとは「どこか」から「何らかの方法」
で、PCやスマートフォンなどの私たちが使うデバイスに不正に入り込み、
内部に巣食うものです。

　つまり、「どこか」と「何らかの方法」の2つのうち、どちらかを防げば、
ほとんどのマルウェアから身を守ることができるはず。そして、「どこか」
はいまのところほとんどが「インターネット経由」です。

🐱 「何らかの方法」は2つだけ注意する

　次に、マルウェアが入り込む「何らかの方法」を具体的に考えてみましょ
う。現実的には、侵入方法は2つだけ、「メールから」もしくは「Webサイ
トから」と考えてよいでしょう 図1 。

　この場合のメールとは毎日ひっきりなしに届く「迷惑メール」のこと。添
付されているファイルのほとんどはマルウェアです。最近では「.exe」など

の拡張子がついたプログラム実行ファイルそのものを送りつける例はほとんどなくなりましたが、添付ファイルを開く際にマルウェアのチェック機能を利用できるようにしておきましょう。それ以前に、見慣れない拡張子を持つファイルを不用意に開かないことを徹底してください。

また、メール本文に記載してあるURLやWebサイトに移動するリンクボタンを不用意にクリックしないようにしましょう。例えば銀行からの通知メールであれば、銀行のトップページのURLを手動で入力してアクセスし、「本当にその告知ページが存在するか」を確認するなどの注意が必要です。

Webサイトから入り込むものへの対策として、一番重要なのはWebブラウザを最新版にアップデートすること。そして、プラグイン／機能拡張に関しては不要なものは削除することなどを心がけてください。これを守るだけで、脅威のほとんどから身を守れるはずです。

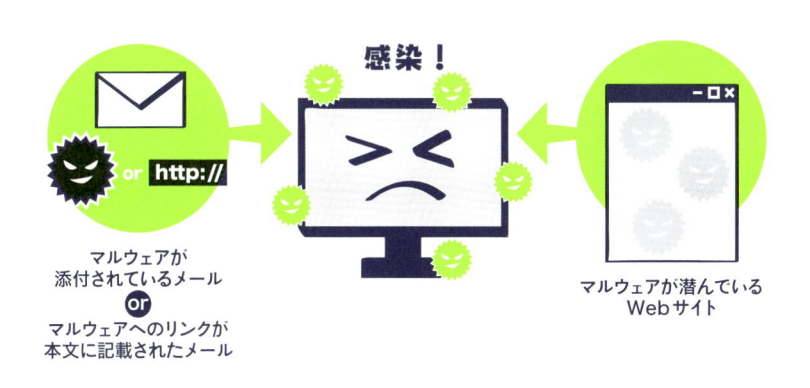

図1 マルウェアの侵入経路の大半は「メール」と「Webサイト」

このほかに、USBメモリなどの外部記憶ディスクを経由するケースもある

🐱 不正に入り込むのを防ぐには「脆弱性」対策を

次に、マルウェアが不正にシステムに入り込むのを防ぐ方法を考えてみましょう。もちろん、セキュリティ対策ソフトも防御策の1つですが、もう1つは「脆弱性をなくす」ことが重要です。

マルウェアは日々「亜種」と呼ばれるほんの少しだけ変更したものがたくさん生み出されています。セキュリティ対策ソフトの「パターンファイル」（ウイルスを定義したファイル）とは、マルウェアの指名手配写真のようなもので真偽判定を行うため、「亜種＝ウイルスが変装した場合」はすり抜けてしまう可能性があります（→P157）。

しかし、そのマルウェアが最終的に狙うのはシステムの脆弱性です。どれだけ亜種が存在していても、脆弱性を利用して侵入することは変わりません。そのため数万の亜種にそれぞれ対応するよりも、1つの脆弱性に対処すればいいわけです。

脆弱性をなくすためには、公開されている最新のアップデートを適用する必要があります。OSだけでなく、Webブラウザや利用しているアプリケーションにおいて、それぞれ最新となるよう、アップデートを行うようにしてください。

🐱 例外には「情報収集」で対処

比較的新しい攻撃だった「ランサムウェア」も、そのほとんどがメールに添付されたマルウェアを開いたことで感染し、不正な行動を許してしまうことが原因でした。ただし、WannaCryに代表される添付ファイルをクリックしなくても、Webブラウザを見なくても侵入してくる脅威が数年に一度登場しています。

もちろんバックアップを行うことも重要ですが、こういった新しい攻撃に対して、いちいち「ランサムウェア対策」を行う必要はないと考えます。あくまでマルウェア対策の基礎である「脆弱性をなくすためにアップデートを行う」「添付ファイルの対策を行う」などを実行していれば、自然とさまざま手法の「マルウェア対策」になっているはずです。

マルウェアの種類は多くても、恐るるに足らず！まずは、基礎を見直しましょう。

Q7

憎いサイバー犯罪者。彼らは、なぜそんな悪いことをするの？

基本に立ち返って、そもそもサイバー犯罪者の目的とは
いったい何なのでしょうか？
それがわかれば、もしかしたら防御の役に立つかもしれません。

1 そりゃ嫌がらせだよ、嫌がらせ！他人を困らせたい、困ったヤツ！

2 サイバー攻撃にはテクニックが必要！テクニックを自慢したい？

3 目的なんて「お金」に決まってるじゃない

正解 **3**

目的なんて「お金」に決まってるじゃない

システムに入り込み盗んだ情報を売ることだけでなく、
被害者から直接金銭を奪うことも。

そりゃ嫌がらせだよ、嫌がらせ！ 他人を困らせたい、困ったヤツ！

コンピューターウイルスが出始めた頃は、確かに他人の目を引きたい、嫌がらせをしてやろうという目的はありました。

サイバー攻撃にはテクニックが必要！テクニックを自慢したい？

サイバー犯罪者の一歩手前の人には、技術力を誇示し、自分の名前を知らしめたいという狙いもあります。

Q7 憎いサイバー犯罪者。彼らは、なぜそんな悪いことをするの？

狙われやすいものから守っていこう

　その昔、コンピューターに詳しい人間が他人をちょっと驚かせようとさまざまなジョークアプリが作られてきました。あるとき、そのプログラムを利用者に意図せず実行させるような仕組みや、フロッピーディスクを介して勝手にプログラムが広まっていくような機能が追加され、コンピューターウイルスの原型ができました。その時代のコンピューターウイルスの中には、作者の名前まで出ていたものもあります。当初はおそらく、詳しい人がその技術力を誇示する目的で、コンピューターウイルスが作られたと考えていいでしょう。

　時は流れ現代。現在ではその影響範囲を広げ、利用者に取って害のあるソフトウェアを表す「マルウェア」と呼ばれるものを使い、サイバー攻撃が行われています。目的は企業のシステムに入り込み、中にある企業秘密や個人情報を盗み出すこと。盗んだ情報をブラックマーケットで売りさばき、最終的に「金銭」を得るのです。マルウェアを作る理由はとても単純で「お金」にあります。

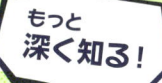

サイバー犯罪者の
動機がわかれば、対策もとれる!?

私たちのPCやスマートフォンを狙うサイバー攻撃、その目的はどうやら
「お金」のようです。もはやサイバー犯罪も現実の犯罪も動機が変わらない
なら、守り方もいっしょといえるかもしれません。

🐱 直接あなたの財布を狙うサイバー攻撃

ところで、みなさんは自分が持っている「お金」をどう守ってますか?
普段はお財布の中に入れて大事に持ち歩いているでしょう。もちろん、全
財産を持ち歩く人はいませんし、周りの人に現金を見せながら持ち歩く人
もいないでしょう。ほかの携帯品とは異なるちょっと特別な取り扱いを、
自然に行っていると思います。

昨今では、サイバー犯罪とリアルな犯罪とを区別することは、あまり意
味がなくなりつつあります。ならば、サイバー犯罪者が狙うあなたの「お金」
も、現実世界と同様に守っていくことが重要かもしれません。

🐱 あなたの「お金」、現実世界ではどう守ってる?

さて、サイバー犯罪者が狙う「お金」。これまでは企業システムに侵入し、
そこにしかない重要な情報を盗み出して、それを売りさばいて初めてお金
になっていました。実はこうしたやり方はそれなりにリスクが高く、情報
を売るタイミングやお金を動かすタイミングで検挙されることも多いので
す。犯行の足が付きやすいのは、どうしても「現実の何か」が動くところ。
犯罪者の心理を考えると、それは理解できると思います。

ならば、何かを盗んで換金するよりも、「直接、被害者からお金そのもの
をもらえばいい」と思いませんか? サイバー犯罪者はまさにその方法をす
でに実践済みです。それこそが、あなたの大事なデータを人質とし、身代

金を要求する「ランサムウェア」が一気に流行った理由です。

🐱 ランサムウェアが流行するもう１つの理由

　その裏には、もう１つの立役者がいます。通常、ドルや円、ユーロで身代金を要求してしまえば、現実世界の銀行を経由することになり、一瞬で足が付いてしまいます。ならば、足の付かない通貨があれば……。

　そう、ランサムウェアにはビットコインをはじめとする「仮想通貨」の存在が欠かせません。ビットコインのようなブロックチェーンを利用した仮想通貨のなかには匿名性を売りにしているものもあります。その登場が、サイバー犯罪者と一般の被害者をつなげる重要な役割をしているのです。

🐱 狙われるところをどう守る？

　ここまでで、サイバー犯罪者はお金のある場所を狙うことは理解いただけたと思います。ならば、まずそこを守ることを考えていきましょう。

　まずはランサムウェア対策。こちらは暗号化を行うマルウェアの侵入を防ぎ、万が一暗号化されてもいいようにしておくことが重要です。前述したようにマルウェアが侵入するルートは「Webブラウザによるダウンロード」、もしくは「メールに書かれたURLをクリックする」くらいしかありません（→P44）。また、その攻撃は脆弱性を狙ってきますので、適切にOS、アプリ、Webブラウザのアップデートを行うとよいでしょう。

第2章
PCとネットワークの
セキュリティ

スマートフォンが普及したいまでも、やっぱり
PCは便利なものです。なんでもできるPCは、
サイバー犯罪者にとっても「なんでもできる」
もの。だからこそ、しっかり守っていかなくて
はなりません。第2章ではPCとネットワーク
にまつわるセキュリティの課題を知り、特に「自
宅のシステム管理」を行う上で、ここだけは気
をつけたいポイントを紹介します。

隣人が突然、怒ってやって来た理由は？

　PCをインターネットにつなぐには、いまや無線LANが必須。たまに話題になるのは、この無線LANを「ただ乗り」する人がいるらしいということです。電波は肉眼では見えないため、普段はあまり意識しませんが、実は隣の部屋にも届いているのです。無線LANルーターを買い換えてSSIDなどの設定を変えたら、隣の家の住人が「無線LANがつながらなくなったじゃないか！ 早く直せ！」などと怒鳴り込んできたという話も。どうやらパスワードのかかっていない無線LANを、お隣の人が勝手に使っていたようですが……。これって一体、誰が悪いんでしょう？

　PCや無線LANをはじめとするIT機器は適切な管理が必要です。でも、その方法を誰からも教わっていない方がほとんどでしょう。無用なトラブルを防ぐには、まず「知識」をアップデートしましょう。

「えっ、部屋から
コンビニの無線LAN使えるから、
部屋のADSL回線、やめちゃったよ！」

Q8

PCを使う上で、簡単で効果的なセキュリティ対策は？

PCはとても便利なもの。だからこそ、サイバー犯罪者は
PCを狙い、そこにある情報をもとにお金儲けを狙います。
何も大仰な攻撃だけがサイバー犯罪とは限りません。

1

サイバー攻撃で狙われないよう、PCには個人情報を一切入れないとか？

2

ちゃんとパスワードをかけて、
PCから離れるときは
ロックする！

3

家から絶対に外へ出さない。
デスクトップPCを
選べばいい！

正解 2 ちゃんとパスワードをかけて、PCから離れるときはロックする！

サイバー犯罪者のように高度な方法を使う前に、物理的に
PCを盗む、盗み見るという方法も立派な攻撃の1つなのです。

サイバー攻撃で狙われないよう、PCには個人情報を一切入れない

確かに、一理ありますが、気をつけていても重要な情報はPCに記録されていくため、根本的な解決策になりません。

家から絶対に外へ出さない。デスクトップPCを選べばいい！

デスクトップなら持ち運ばないため、落としたり忘れたりはないでしょう。でも、あなたの家に泥棒が入らないとは限りません……。

Q8
PCを使う上で、簡単で効果的なセキュリティ対策は？

もっとも簡単で手軽なPCを守る方法

「PCを守る」「情報を守る」というのはとても高度なことのように思えますが、できることを着実に行うことから始まります。

実はPCを守る最初の一歩は「画面のロックをきっちり行う」ことです。そのためには、PCのログイン時にパスワードを設定しておき、数分間何も操作をしなかったときやノートPCであれば閉じたときに画面をロックして、再度使用するためにはパスワードを入力する、という設定にしましょう。簡単ですが、この設定を行うだけで、「身近な攻撃者」からPCを守ることができます。

サイバー犯罪というとインターネットを通じてやってくる脅威をイメージしがちですが、むしろ身近な人、物理的にPCに触れる人のほうが簡単に攻撃を実行できるのです。PCが誰でも操作可能な状態にあったとしたら、せっかく用意したセキュリティ機能もすべてスキップされて、マルウェアは実行し放題になってしまいます。画面ロックは単純なようで、意外と重要なセキュリティ対策なのです。

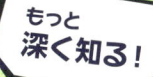

もっと
深く知る！

画面ロックを習慣化するために
覚えておきたい操作法

誰でも操作できる PC が目の前にあったら、悪戯してみたい気持ちになっても不思議ではありません。PC を使う上でほんの少しのテクニックを覚えることで、格段に安全になる方法があります。

画面ロックを一発で行う方法

　PC の起動時や再ログイン時に、パスワードを入力しないとログインできない設定にすることで、パスワードを知らないあなた以外の人が、気軽に PC を操作することはできなくなります。

　この「気軽に」というのがポイントで、サイバー犯罪者のように確固たる目的があるわけではなくても、誰でも悪戯できてしまうことがわかると、ついつい悪さしてみたくなってしまうもの。そういった出来心による攻撃を防ぐためには、画面ロックが必須です。

　例えば、会社から支給された PC をオフィスで利用している場合、離席時に PC をそのままにしてしまう光景が散見されます。もし、オフィス内に不審者が忍び込んだり、内部で不正行為を行おうと考えている人がいたら、あなたの PC やアカウントを利用して、本来はアクセスすべきではない場所から情報を盗み出せてしまいます。

　会社の PC であれば、数分間利用しない状態が続くと、画面をロックする設定が施されている企業も多いでしょう。もちろん、この設定は行うとして、ぜひ「画面ロックを行う癖」をつけてください。方法は、Windows ならばロゴが描かれた [Windows] キーと [L] キーを同時に押すだけです。

　離席時だけでなく、少し時間が空いたときなど、このキーのコンビネーションをさっと押すことで、あなた以外の人が PC を触れないようにできます。[Windows] キー＋ [L] キーを押す習慣を身につけておけば、それだけでもかなり安全度は高くなるはずです。

Mac ならば「ホットコーナー」で

　macOSを使っている場合は、「ホットコーナー」の設定を利用すると、さらに簡単に画面ロックを実現できます。ホットコーナーは、「システム環境設定」→「Misson Control」→「ホットコーナー」を選ぶと設定できる項目で、画面の四隅のコーナーにマウスカーソルを動かすとアクションを起こせる機能です。

　ホットコーナー（「画面のコーナーへの機能割り当て」）で、例えば右上隅に「画面をロック」を設定しておくと、マウスカーソルを画面の右上隅に合わせるだけで即座に画面ロックが実行されます 図1 。

　なお、High Sierra（バージョン10.13）以前のmacOSではホットコーナーの設定項目に「画面をロック」が存在しないため、ホットコーナーで「スクリーンセーバを開始する」を設定し、合わせて「システム環境設定」→「セキュリティとプライバシー」→「一般」タブにある「スリープとスクリーンセーバの解除にパスワードを要求」を設定することで、ホットコーナーでの画面ロックが可能です。

　ただし、誤ってマウスカーソルを合わせた場合も画面がロックされてしまうため、一度設定してみて誤操作が多いようであれば、Windowsと同様、ショートカットキーを使って[command]＋[control]＋[Q]キーで画面ロックを行うように心がけてみましょう。

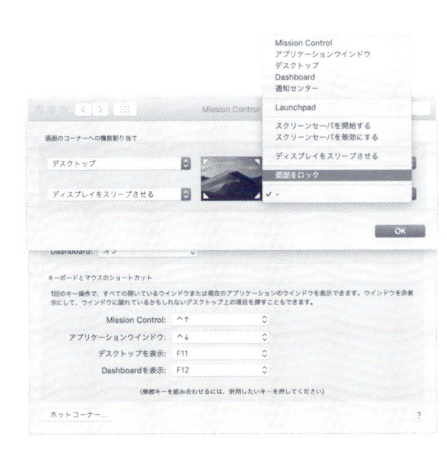

図1 ホットコーナーの設定画面
　　（macOS Mojave）

macOSの「ホットコーナー」機能を利用して、画面ロックを一発で起動する

Q9

散らばるファイル……
セキュリティ対策的に
安全な整理方法は？

会社で使用している PC のデスクトップ画面に、
大量のファイルを散らかしている人、よく見かけませんか？
電子ファイルの整理整頓はセキュリティ面でもとても重要です。

1 内容で分類して
フォルダに分ける！

2 いや、単純に日付で
整理しよう！

3 ……勘と経験、
信じるのは自分！

日付を基準に整理しよう！

日付は主観的な要素が少なく、意外と「あの頃」で記憶できることも多いので、個人的にはお勧めしています。

1

内容で分類して
フォルダに分ける！

内容で分類しようとすると、複数の分類にまたがったときに悩むことが多くなります。どこかで破たんする可能性が高い方法です。

3

……勘と経験、
信じるのは自分！

主観だけで整理するのもアリですが、主観は日々変化します。あのときの自分の整理基準を忘れてしまうと……。

フォルダの整理は「だいたいあの頃」で解決する

　筆者が考える整理ポイントはたった一つ。「時期」で整理するということです。内容で分類するのは直感的な方法ですが、例えばPTA関連の書類、家族の大事な写真、仕事の書類など、内容で分類しようとすると、いつか「これ、どっちに入れるべきだろう？」と悩むタイミングが訪れます。それよりも「時期」でまとめる方が便利です。意外と「あの頃にあんなことをやったなあ」という、時間ベースでの記憶の方が残っていたりしませんか？

　電子ファイルを時期でまとめることの最大のメリットは、「バックアップが簡単」なことです。時期でフォルダ分けしておけば、ある程度古くなったものはフォルダの中身を修正することはありません。そのため、バックアップとしてほかの場所に保管してしまえば、管理がとても楽になります。

バックアップ管理も考えた
電子ファイルの整理法

デスクトップが散らかってるあなたでも、ファイルをなくさない、すぐに見つけられる整理法をお教えしましょう。ポイントは月初に行う2つのステップだけです！

「ファイルをなくさない」整理法のポイント

電子ファイルは気がつくとPCのさまざまなところに散らばっているものです。ここには大きく個性や性格が出るので、きっちり整理する人、整理しているように見える人、とにかくデスクトップに置く人などさまざま。

リアルな物品と違って見た目上ファイルには大きさも重さもないため、電子ファイルがバラバラになったとしてもあまり気にならないかもしれません。しかし、「ランサムウェア」（→P35）の登場により、「整理し、きっちりバックアップする」ことがいっそう重要になってきました。

そこで、バックアップが簡単に取れ、かつ理路整然と整理が可能な方法をお教えしましょう。

ステップ1：月初にフォルダを作成しよう

まず最初のステップは、月初に「年＋月」のフォルダを、「ドキュメント」（Macなら「書類」）の下に作りましょう。基本的に、当月作成したファイル、受け取ったファイルはすべてこのフォルダの下に入れます。

もし個人と仕事のファイルが明確に分けられるのならば、個人用の今月のフォルダ、仕事用の今月のフォルダの2つを作って管理してもいいでしょう。ここでのポイントは、まず1カ月という区切りでフォルダを分ける、というところにあります。このフォルダの直下の構成に関しては、わかりやすい区切りでフォルダを作って整理しておきましょう。

ステップ2：月初に、先月のフォルダをバックアップ

　そして、月初になったら先月までのフォルダは、例えば外付けハードディスクやNAS（ネットワークで共有できるハードディスク）など、外部のストレージにコピーしてバックアップを取りましょう。

　重要なのは、月が変わって新しく今月のフォルダが作られた場合、先月までのフォルダは「絶対にいじらない」こと。もし先月から引き続きの仕事があったり、ずっと使っているファイルがあったとしたら、必要なファイル丸ごと、先月フォルダから今月のフォルダにコピーして使います。こうすれば継続して作業しているファイルが破壊されても、最大1カ月前の状態にまでなら戻れます。

　筆者自身が行っている整理法はたったこれだけ。実を言うと、トップレベルの「今月フォルダ」の下はわりと適当で、整理せずにとにかく突っ込んでいる状態です。これでも後から振り返ったときに、「あの仕事はたしか夏あたりにやったな」ということさえ記憶にあれば、7・8・9月のフォルダをざっと見て、希望のファイルにたどり着けます。

　この程度の方法ならば、どなたでもできる気がしませんか？　デスクトップが散らかっている方は、ぜひすぐにPCを整理してみましょう。これだけでも、強力なランサムウェア対策になるはずです。

もっと深く知る！

バックアップ管理も考えた電子ファイルの整理法

ご注意
ください…

ここで取り上げた電子ファイルの整理法は、
筆者が普段から実践しているやり方です。
自分の部屋や机の整理整頓は苦手な筆者ですが、
この方法で「PCの中」だけはきれいにしています。

Q10

よく耳にする「クラウドストレージ」って、安全なの？

クラウドにデータを保存する「クラウドストレージサービス」が
たくさん登場しています。でも、データを他人にのぞかれたり、
急にデータが見られなくなったりする危険はないのでしょうか？

1

クラウド？
よくわからないから
使うのはちょっと……

2

もしかしたら
クラウドの方が
安全だったりして

3

ネットワークに
つながないと
何もできなくない？

2

もしかしたら
クラウドの方が
安全だったりして

クラウドストレージサービスはセキュリティに注力しており、むしろ手元のHDDやSSDに比べても多機能で安全。

1

**クラウド？
よくわからないから
使うのはちょっと……**

もはやクラウドは当たり前に活用される時代。「怖い」という気持ちも忘れずにいると、ちょうどいいでしょう。

3

**ネットワークに
つながないと
何もできなくない？**

クラウドストレージはネットワーク接続前提のサービス。それがメリットでもあり、デメリットでもあります。

個人ユースなら活用しないともったいない

クラウド上でファイルを保存・共有できる「クラウドストレージサービス」にはマイクロソフトのOneDrive、アップルのiCloud Drive、GoogleのGoogle One、そしてDropboxなどがあります。現在ではサービスも成熟の域に達しており、無料サービスでもかなりの容量を利用できる便利なものになっています。

筆者の見解では、特に個人での利用に関しては、このクラウドストレージサービスはどんどん利用していくべきと考えています。各社は安全性確保に注力している上に、クラウドストレージサービスならではの履歴管理機能など、ローカルのハードディスクだけでは簡単に実現できない機能を提供しています。

クラウドと聞くと、データや個人情報の漏えいなど、どうしても「不安」に感じる方も多いですが、個人情報の管理については世界的にも敏感になっていることもあり、個人で利用するならばメリットがデメリットを上回っているのではないでしょうか。不安に思う方は、まず情報収集から始めてみてください。

もっと
深く知る！

クラウドストレージサービスを
活用するべき理由

どんなセキュリティ対策も100％安全ではありません。だからこそクラウドを上手に活用すべきです。ランサムウェア対策やバックアップ機能の点から考えても、手軽で便利に使えるサービスなのです。

クラウドストレージサービスの便利さ

　みなさんはDropboxなどのクラウドストレージサービスを利用していますか？　無料でも3ギガバイト以上の容量を利用でき、誰かにファイルを渡すのも一瞬。とても便利に使っているという方も増えています。

　まだ使っていないという方もクラウドストレージサービスのメリットを知れば、すぐにでも使いたくなるはず。PCのハードディスクではできないこともありますので、まずは知るところから始めましょう。

スマートフォンでも連携できる

　クラウドストレージのメリットの一つは、ファイルの実体がローカルのハードディスクではなく「クラウド上」にあるということ。これはつまり、スマートフォンなどのデバイスからもファイルを確認できるということです。移動時間の間にちょこっと資料を見たり、アプリによってはファイルを書き換えたりも可能です。

　クラウドにあるとどうしても「データセンターのハードディスクをのぞき見されたり、盗まれることもあるのでは？」と心配する方もいらっしゃるでしょう。実は多くのクラウドストレージは、ファイルそのものを保存するときに「細切れ」にして、その細切れのファイルの一部をデータセンター内の別々のハードディスクに分けて保存するため、万が一ハードディスクが盗まれても、元のファイルを復元できるのは復号の鍵を持つ利用者だけ。

その鍵とは「パスワード」ですので、ここでもパスワード管理が重要になります。不安な方はぜひ、二段階認証を活用してください（→P29）。

履歴管理でランサムウェア対策にもなる

　クラウドストレージのもう1つのメリットは、「履歴が自動的に記録されている」こと。ほとんどのサービスでは、特定のファイルを1時間前、1日前……といった状態に戻すことができます。この機能を利用すると、間違ってファイルを編集してしまったり削除してしまったりしても、元のファイルを復元できるのです。普通のハードディスクではファイルごとにバックアップ保存していなければ、なかなか復元できるものではありません。

　実はこの機能、あの「ランサムウェア対策」としても便利な機能です。ランサムウェアに感染すると、ファイルが次々と暗号化されていきます（→P35）。実際には、クラウドストレージ上のファイルも次々と暗号化される可能性があります。けれども、履歴をたどってファイルを取り戻せるかもしれません。この点も、個人ユースでいまクラウドストレージサービスを活用すべき、重要な要素の一つです。

大容量を契約すれば
バックアップストレージとしても

　先に紹介した「今月フォルダを作って整理しよう」（→P59）という方法、実はこのクラウドストレージサービスにぴったりです 図1 。クラウドストレージサービスには利用できる容量の制限がありますので、今月のフォルダはスマートフォンでも見られるようにクラウドストレージサービス上に置いておき、先月までのフォルダはクラウドストレージからは削除して外部のハードディスクなどに保管することで、バックアップも整理も簡単に実現ができます。

　もちろん、クラウドストレージの有料プランを利用し、すべてのファイルをクラウド上にバックアップする使い方にも大きなメリットがあります。

この場合もできれば、外付けハードディスクにバックアップデータを保管することをお忘れなく！

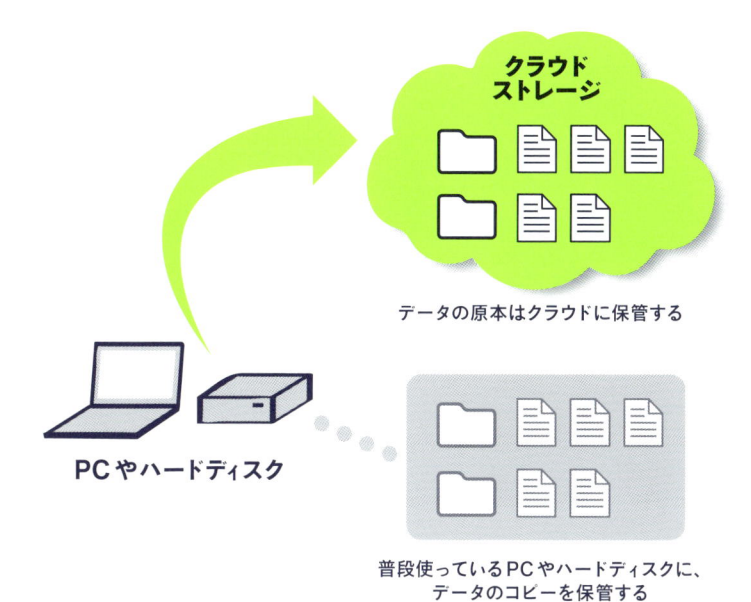

データの原本はクラウドに保管する

PCやハードディスク

普段使っている PC やハードディスクに、
データのコピーを保管する

図1 クラウドストレージの活用例

データの原本はクラウドストレージ上に保存し、普段使用している
PC やハードディスクにはデータのコピーを保管する

ご注意
ください…

近頃のランサムウェアには、
感染した端末が繋がっているオンラインストレージも
ロックしてしまうものが増えています。
攻撃目的が脅迫（身代金）ではなく暗号化（データ破壊）
にあり、クラウドを含めた共有ファイルサーバーを
優先的に暗号化する「標的型ランサムウェア」も
使われ始めているのです……。

あなたのパスワード、漏れていませんか？

2018年7月ごろから筆者のもとに、件名（タイトル）にパスワードそのものが明記された迷惑メールが届き始めました。これは、過去に漏えいしたパスワードとメールアドレスを組み合わせ、脅そうとしているものです。私の場合はかなり古いパスワードが悪用されていたためにすぐに気がつきましたが、みなさんが使ってるパスワード、どこかに漏れていたりしませんか？ 実はそれを確認できるサイトがあるのです。

その名も「Have I Been Pwned?」（私、やられてない？）というサイトで、著名なセキュリティ専門家、トロイ・ハント氏が運営している信頼できるものです。ここにあなたのメールアドレスを登録すると、そのメールアドレスにひも付いたパスワードが、いつ、どこで漏れたのかがあきらかになります。すでに使っていないパスワードであれば、それがどこかから漏えいしているか、ほかの人も同じものを使っているかなどを判定することも可能です。2018年9月には、WebブラウザのラのFirefoxがこのサイトと連携した「Firefox Monitor」という機能を提供していますので、Firefoxの利用者は漏えい時に通知を受け取ることもできるようになりました。

このサイトには、本書を執筆している時点で55億7,570万もの「やられたアカウント」が登録されているとトップページに記載があります。もはやID（メールアドレス）やパスワードは「漏えいして当たり前」なのかもしれません。

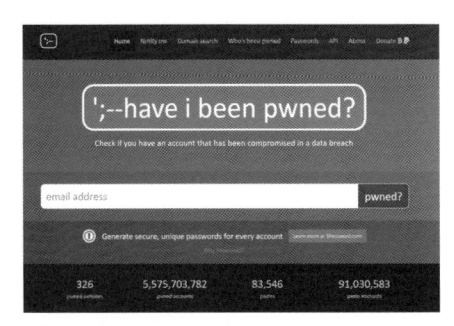

「Have I been pwned?」
自分のメールアドレスやパスワードの
漏えい状況を確認できる
https://haveibeenpwned.com

Q11

家族でアカウントの共有や貸し借りは、あり？　なし？

近頃では月額固定の利用料で聴き放題、見放題といったサービスが
たくさん登場しています。家族が利用しているなら、
そのアカウントを使えば、自分も使い放題で利用できますが……。

1　親しき仲にも礼儀あり！
パスワードは家族でも
教えたらダメ

2　本の貸し借りが
いいんだから、
IDの貸し借りだって
いいじゃない！

3　えっ、友達にもう
貸しちゃったけど、
それってダメなの？

1

親しき仲にも礼儀あり！パスワードは家族でも教えたらダメ

「パスワード」と名の付くものを、自分以外の誰かに教えてはならないという原則は守るべし。家族や恋人であってもNG！

2

本の貸し借りがいいんだから、IDの貸し借りだっていいじゃない！

ほとんどの場合、利用規約でアカウントの貸し借りは禁止されています

3

えっ、友達にもう貸しちゃったけど、それってダメなの？

家族での利用を前提に、複数端末でのログインを認めているサービスもありますが、他人に貸すのはダメ！

他人のプライバシーを侵害しない！

　「アカウントの貸し借り」という問題は、デジタル時代において実は深刻な課題の1つ。使い放題なんだから、ID（アカウント）とパスワードさえあれば、誰が使っても同じと思う方もいるかもしれません。しかし、ほとんどの場合はサービスの利用規約で禁止されており、他人に貸した時点で「不正アクセス」と認識される可能性が高いです。さらに、パスワードで鍵がかけられているアカウントに対し、第三者がパスワードを「想像して」入力してログインができてしまったら、りっぱな不正アクセス禁止法違反に該当します。ちょっとしたイタズラ心だったとしても、犯罪者として裁かれてしまうのです。

　家族や恋人を犯罪者にしないためには、ちょっとした貸し借りという認識ではなく「不正アクセスになるかも」と考えるべきです。また、好奇心でパスワードを聞いたりパスワードロックを解除させたりするなども、トラブルを未然に防ぐためにやらない・やらせないのがポイントといえます。

自分のプライバシーと同じく、相手のプライバシーも尊重する

「親しき仲にも礼儀あり」——これはデジタル時代においても守らなければ
いけません。例え家族間や恋人同士でも、お互いのプライバシーは尊重す
るべきです。

🐱 「スマホを見せて」と言われたらどうする？

　家族や恋人に「スマホ、見せて」と言われたら、あなたはどうしますか？
「何もやましいことがなければ、見せられるよね」と言う人もいますが……
スマートフォンは、もはや個人情報とプライバシーの固まりです。個人で
所有しているスマートフォンに限って言えば、どんなに親しい相手でも、
自分にやましいことがなかったとしても、自分のプライバシーが山のよう
に詰まったもののコントロール権を自分以外の人間に渡してはならないと、
筆者は考えています。もちろん「見せて」と言うこと自体もマナー違反です。

　プライバシーに対する捉え方は人によって異なります。やましいことが
ないので見せてもかまわないという方もいるでしょう。「位置情報が漏れた
として、何が困るの？」と感じる人もいれば、絶対にGPSはオンにしない
という人もいます。どこからどこまでをプライバシーと捉えるか、その範
囲やレベルは個人差があるため、そうした考え方の多様性を受け入れよう、
というのが優等生的な回答かもしれません。

　過去に報道であきらかになった事例でも、スマートフォンを借り受けた
一瞬の間に、こっそりとアプリをインストールして情報をごっそりと抜き
出したり、位置情報を常にウォッチできる状態にしたことで検挙された例
があります。また、持ち主がトイレに立った隙にこっそりとSDカードを抜
き去ろうとして見つかった事例もあります。

　実はほんの少しだけ目を離した一瞬の時間で、スマートフォンに格納さ
れた情報を盗み出したり、遠隔操作のためのアプリを入れることが可能で

す。そのため、いくら近しい人であってもパスワードは教えない、スマートフォンから目を離さないことが、お互いを守ることにつながります。

🐱 アカウントの貸し借りもダメ

では、スマートフォンではなく「アカウント」はいかがでしょうか。

まずスマートフォンに紐づいているクラウドのアカウント、Android端末であればGoogleアカウント、iPhoneであればiCloud（Apple）アカウントは、もはや「スマートフォンのデータそのもの」といえます。写真や連絡先、メールボックスもこのアカウントに紐づいていますので、スマートフォンの機体を物理的に盗まなくてもアカウントさえ盗めば、ほぼ目的が達成できてしまうでしょう。特に写真は、設定次第では撮影した直後にクラウドにアップロードされます。そのため、GoogleおよびiCloudアカウントは必ず「二段階認証」を行い、万が一パスワードが漏れてもいいようにしておくべきです。

それ以外のアカウントは、実際に「貸して」と言われるような場合があるかもしれません。例えばNetflixやHuluといった動画配信サービスや、Apple Music、Google Play Music、LINE Musicといった音楽配信サービスのアカウントを、CDや本を貸し借りするように「アカウント貸してよ」という人がいると耳にします。しかし、これはパスワードを他人に教える行為ですので、絶対にやってはいけません。規約違反と判断され、二度とサービスが使えなくなるかもしれません。

ご注意ください…

アカウントに個人情報が密接に結びついたこの時代、「アカウントちょっと貸して」は危険過ぎます。そう言われたら、「親しき仲にも礼儀あり」と諭して、トラブルを未然に防ぐようにしてください……。

もっと深く知る！ 自分のプライバシーと同じく、相手のプライバシーも尊重する

Q12

無線LANを使う上で、気をつけることは？

多くの家庭のブロードバンドは、有線ではなく「無線」が主流になりました。企業においても無線LANの普及が進んでいますが、気をつけないといけないことって何でしょう？

1

ケーブルいらずで接続も簡単。暗号化するほどのものでもないよね

2

ウチは10年前から無線LAN。「WEP」っていう暗号化もバッチリ！

3

無線LAN使うなら、やっぱり最新のルーターで高速通信だね

3 無線LAN使うなら、やっぱり最新のルーターで高速通信だね

最新の暗号化手法やセキュリティ対策が取り入れられているルーターを、定期的に買い換えることをお勧めします。

1 ケーブルいらずで接続も簡単。暗号化するほどのものでもないよね

企業でも家庭でも無線LANの暗号化は必須。暗号化がなければ、URLやパスワードがそのまま流れてしまうかも。

2 ウチは10年前から無線LAN。「WEP」っていう暗号化もバッチリ！

WEPという暗号化手法は今やサイバー犯罪者に筒抜け。あっさりと解読されてしまうので、最新の手法を利用する必要あり。

無線LANにも「寿命」がある？

企業のみならず、多くの家庭でも「無線LAN」が当たり前になりつつあります。もしかしたら、自宅では光ケーブル敷設とともに事業者から貸与されたブロードバンドルーターを活用しているという方も多いかもしれません。あえてルーターや無線LANを買わなくても、便利に活用できている方も多いでしょう。

筆者は、基本的にはブロードバンドルーターを頻繁に買い換える必要はないと考えています。しかし、守っていただきたいのは「古すぎるものを使い続けるのは避けよう」ということです。数年に一度、無線LANの方式が変わるタイミングで乗り換えるといいかもしれません。

無線LANの方式が変わる背景には、接続・管理が楽になるということに加え「これまで利用してきた暗号化手法が破られる」という、やんごとなき事情がある場合も存在します。目安としては、2〜3年に一度ルーターを新しいものにするなど、無線LANの環境を見直したいものです。

必ず実施したい
無線LANの「暗号化」と最新事情

無線LANに接続するときに必要な「SSID」、そして「パスワード」。企業だけではなく、家庭の無線LANも絶対に暗号化をする必要があるのです。なぜなら……本節で詳しく解説していきます。

暗号化は必須、無線LANの常識を知る

　空港や喫茶店など、日本でも多くの場所で無料Wi-Fiを利用できるようになりました。そのような場所の無線LANではパスワードが必要ないのだから、別に暗号化は不要なのでは？と思う方もいらっしゃるでしょう。しかし、家庭、企業においては暗号化が「必須」のものだと考えてください。

　無線LANは1999年には日本でも発売され、約20年を経て私たちの生活には不可欠な存在になったといえるでしょう。無線LANの特徴は文字通り「線がない」こと。「線がない」、つまり「誰がつながっているのかわかりにくい」ことでもあります。電波は部屋の中だけでなく外にも漏れているわけですから、玄関口に誰か見知らぬ人がいて、その電波を盗聴する可能性だってあるのです。

　無線LANの暗号化は、その盗聴を防ぐために必要なものです。最近ではWebブラウザのURLアドレス欄に錠のマークが表示されることでおなじみの暗号化通信（HTTPS）が普及しているため、すべてが丸見えになるわけではないものの、無線LANの通信経路自体をまるごと暗号化しておいたほうが、何かと安全です（次ページ 図1 ）。なるべく、より最新の暗号化手法を設定することをおすすめします。

いま設定したいのはWPA2、2018年末にはWPA3も登場

現在、多くの無線LANルーター、そしてスマートフォンやPCなどのデバイスが対応している暗号化手法は「WEP」「WPAパーソナル」「WPAエンタープライズ」「WPA2パーソナル」「WPA2エンタープライズ」などです。いま設定すべきなのは家庭用なら「WPA2パーソナル」、企業向けなら「WPA2エンタープライズ」です。実はこのうち、WEPおよびWPAは攻撃手法が見つかっており、暗号化を破ることが可能とされています。特にWEPはもはや暗号化を行っていないと同様と考えていいでしょう。無線LANルーター、デバイス双方が対応しているのならば、特に大きな理由がない限りWPA2を選択しましょう。

そして2018年末には、新たに「WPA3」という規格に対応したデバイスが登場する見込みです。WPA3ではWPA2よりも強力な手法で暗号化が行われるだけでなく、接続方法もより簡単になる予定です。もし無線LANルーターを買い換えることを検討しているのならば、WPA3に対応した製品を選ぶようにしましょう。

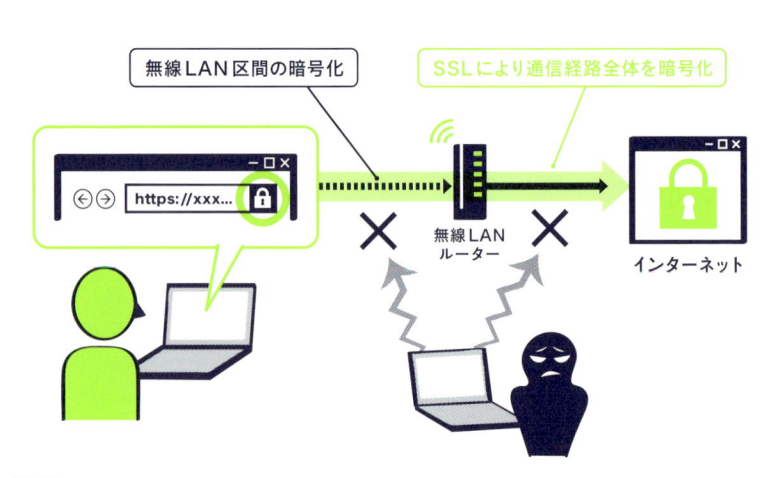

図1 無線LANとSSLによる暗号化

🐱 いますぐ見直し「自動更新」設定の重要性

　ブロードバンドルーターや無線LANの親機で、いますぐ絶対にチェックするべきポイントがあります。まずはルーターの設定画面を見て、そこに「ファームウェアの更新」があるかどうかを確認してください。もしそこに「自動更新」という設定があれば、いますぐそれをオンにし、常に最新になっているようにしてください。

　無線LANを始め、ブロードバンドルーターというのは実は立派な「IoT機器」です。常にネットワークにつながったIoT機器を、自分の手駒として自由に遠隔操作できたら、犯罪者にとってはとても便利ですよね。

　実はそのようなことが、実際に起きているのです。ブロードバンドルーターも中身は小さなコンピューター。そのコンピューターの脆弱性を悪用し、遠隔操作することができるようになってしまうと、例えば特定のサーバーに大量のアクセスをさせ、サービスをダウンさせることもできてしまいます。ルーターひとつ一つは微力ですが、同じメーカーの同じ機種を対象感染させ、微力を集めると大きな力になってしまうのです。このような手法を「DDoS攻撃」と呼びますが、この問題は感染したあなたが「加害者」になってしまうこと。たいへん狡猾な手口です。

　対策はまさに「ファームウェアのアップデート」。ブロードバンドルーターも無線LANルーターも常にアップデートに注意を払っている方は少ないと思いますので、できる限り自動で勝手に更新してもらうことが重要です。そのため、自動更新がオンになっていることを確認しましょう。もしそんな項目がないという場合、いますぐ買い換えの検討を。

🐱 自動更新と同じくらい重要な設定項目

　そして、もう1つ重要なポイントがあります。あなたが前述の「ファームウェアの自動更新」をチェックしたとき、ユーザー名とパスワードはしっかり確認しましたか？　もしそれが「ユーザー名：user」「パスワード：admin」のような、ごく簡単な組み合わせだったとしたら……もしかしたら、

あなたの代わりに誰かが勝手にログインできてしまうかもしれません。そうすると、いくら最新の状態にアップデートしていても、管理者としてさまざまなことができてしまいます。

　ですから、みなさんがもう1つ行うべきことは「管理者のパスワードを初期状態から変更する」ということです。ブロードバンドルーターの初期パスワードは、誰もが簡単に知ることができてしまいます **図2** 。もちろんサイバー犯罪者も同様で、彼らは「各ベンダーが使っている初期ユーザー／パスワードリスト」なんていう便利なものを持っているくらいです。普段ログインしないからとパスワードを変更しないと、攻撃者はあなたのルーターを思い通りに操作してしまうかもしれません。

　実際2018年にはルーターの設定を変更することによって、偽のサイトに誘導させるようなフィッシングを行う高度なマルウェアの存在があきらかになりました。ネットワークの設定を変更し、FacebookにアクセスするとURLは正しく表示されるにもかかわらず、まったく別のサーバーにつながってしまうというもの。ネットワークの根幹を成しているルーター部分を攻撃されると、これまでとはまったく違うことができてしまうのです。だからこそ、ブロードバンドルーターはしっかりと守ることが重要です。

もっと深く知る！

必ず実施したい無線ＬＡＮの「暗号化」と最新事情

図2 デフォルトパスワード一覧の例

一般的な検索エンジンでキーワード検索するだけで、図のようなルーター
などのデフォルトパスワードをまとめた一覧ページが簡単に見つかる

Q13

家に来たお友達に「無線LANを使わせて」と言われたけど……

子どものお友達が、ゲームをもって遊びに来た。
ネットワークにつなげないとゲームが遊べないと言うので、
無線LANのパスワードを教えてもいいのかな……？

1
無下に断るわけにもいかないし、なんかいい機能があるんでしょ？

2
我が家にはたいした情報もないし、タダなんだから気にしない

3
ダメ!!セキュリティを考えたら当然じゃないか！

1 無下に断るわけにも いかないし、なんかいい 機能があるんでしょ？

最近では「ゲストネットワーク」機能を持っているルーター も増えているので、その機能を活用するといいでしょう。

2 我が家には たいした情報もないし、 タダなんだから気にしない

たいした情報がなかったとしても、無線LANのパスワードを教えると、その後取り消すことが難しいのが現状です。

3 ダメ!! セキュリティを考えたら 当然じゃないか！

確かにセキュリティを考えると問題ではあるのですが、IT技術の力で解決できるならば、ぜひその機能を活用しましょう。

Q13

無線LANを貸したいけど、パスワードは教えていいの？

　お子さんの友達に無線LANを貸す——よくあるシチュエーションになりました。携帯型ゲームもスマートフォンもできれば無線LANを使ってパケット代を節約したいものですし、「無線LANを使わせて！」と言われたら、気楽に貸せる時代です。

　しかし、無線LANを貸すということはつまり「パスワードを教える」ということにほかなりません。基本的にパスワードとは、あなた以外の誰にも教えてはならないものです。無線LANを貸すにあたって、その基本を破ることになると、さまざまなリスクが表出します。とはいえ、「セキュリティの原則として無線LANは貸せない！」と言ってしまうと、今度は子どもたちの友情にひびが入るかもしれません。そのためこの難問は何とかしてクリアにしたいところです。

　こうしたネットワークの問題は、ネットワーク技術の力で解決できます。ゲストネットワークの機能をあらかじめ設定して、動作を熟知しておけば、お子さんと友達が楽しくわが家で遊べるようになりますよ。

「無線LANを貸す」という、意外な難問をどう解決する？

家に遊びに来た子どもたちに、無線LANを使わせる。セキュリティ的にはかなりの難問です。「知に働けば角が立つ、情に棹させば流される」……ならば、IT技術の力で解決しましょう！

🐱 ネットワーク接続を「貸す」ことはできるの？

子どもたちの間では、私たち大人のスマートフォンと同じくらい携帯ゲーム機が浸透しています。最近ではネットワークに接続し、遠くのお友だちとも対戦できるようなゲームも増えました。もはやネットワーク接続が前提で、スタンドアロンではおもしろくないと考えるお子さんもいるのではないでしょうか。

お子さんの友達が家に遊びに来たときに、もしお子さんに「友達に無線LANのパスワードを教えてもいいか？」と聞かれたら、みなさんはどう答えますか？　実はこの質問、正しい回答はパッと思い浮かばない、セキュリティ上かなりの難問だと思います。

まず、みなさんのご家庭がWPA2などの暗号化（→P74）を施しているという前提で考えます。SSIDとパスワードを教え、自宅内のネットワークに接続させることは簡単でしょう。メモ書きしてルーターに貼り付けておき、それを遊びに来たお友達に入力してもらえば、ゲームを楽しむことができます。もちろん、子どもの友達であれば悪用はされないだろうという前提であれば、小さなリスクを許容することも可能でしょう。

しかし問題は、やはり「（ネットワークが）見えない」こと。無線ですのでつながっているかどうかが見えないため、もしかしたらそのお友達は次の日からあなたの知らないうちに玄関口でゲームを楽しむこともできてしまうでしょう。また、その友達が我が家のパスワードを第三者に伝えないとも限りません。その中に少々詳しい子がいたりしたら、そこから掲示板に

書き込み……といったように、いろいろなリスクが内在しています。

🐱 最適な解決方法は「ゲストネットワーク」

　そこで、最近の無線LANルーターには、一時的にネットワークを貸すことが可能な「ゲストネットワーク」機能が存在します。これを使うと、家庭内にあるデバイスの接続とは異なるSSID、異なるパスワードのもう1つのネットワークを構築できます **図1**。従来ネットワークに接続されているデバイスはゲストネットワークからは見えないため、家庭内のIoTデバイスやハードディスクレコーダー、NASなどへはアクセスできません。このような別口のネットワークならば、パスワードを教えても問題はないでしょう。リスクを考えると、月に一度程度はパスワードを別のものに変えるのがよいでしょう。

　パスワードは原則、誰にも教えてはいけないものです。暗号化必須な無線LANを誰かに使わせたい場合には、ゲストネットワークで切り出すことをおすすめします。もしこの機能がなければ、やっぱりルーターの買い換えが必要かもしれません。

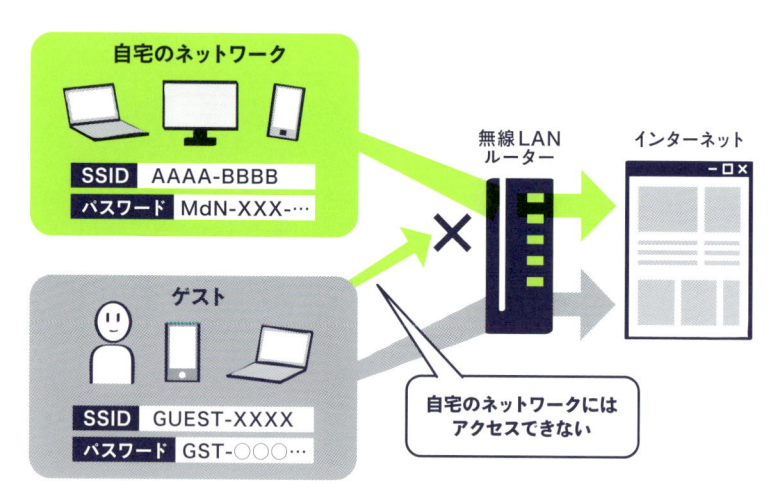

図1 ゲストネットワークの仕組み

ただし、ゲストネットワークにもパスワードを設定することを推奨する

Q14

誰でも利用できる公衆無線LANって、本当に安全なの？

日本でも徐々に、カフェや空港など公共の場所で無料のWi-Fiが提供されるようになりました。こうした不特定多数の人が利用できるネットワーク、使っても大丈夫でしょうか？

1 危ないサイトは見てないから大丈夫。ギガ不足のときは便利だし

2 絶対ダメ!!危険がいっぱいだから、使うべきじゃないよ！

3 ほんの少し気をつければ、そこまで危険なものではないんじゃない？

3 ほんの少し気をつければ、そこまで危険なものではないんじゃない？

公衆無線LANにまつわるリスクを把握しておけば、便利に使いこなすことができます。「気をつけながら使う」のが一番。

1 危ないサイトは見てないから大丈夫。ギガ不足のときは便利だし

閲覧するサイトや使うアプリによっては大丈夫ですが、その都度、個別に判断するのは面倒ではあります。

2 絶対ダメ!! 危険がいっぱいだから、使うべきじゃないよ！

見ただけで脅威というわけではないので、以前に比べたらそこまで恐れるものでもなくなりました。

誰でも利用できる公衆無線LANって、本当に安全なの？

公衆無線LANはルールを守れば、かなり安全に

　少し前までは、公衆無線LANというと「危険だから使うな」という指摘をする方も多かったのが事実です。けれども、最近ではちょっとだけ改善されています。

　無線LANに接続するためのパスワードが存在しない、完全にオープンな公衆無線LANが多かった時代は、簡単に盗聴ができてしまいました。隣に座って同じ無線LANにつながっているだけで、あなたが見ているWebサイトやログインしているセッション情報などの通信内容がダダ漏れだったわけです。

　ところが、2016年ごろからWebサイトを「常時SSL化」する動きが活発化します。これはWebサイトをURLアドレス欄に錠のマークが表示される「HTTPS」で提供するというもので、これを実施するとサーバーとの通信が暗号化されるため、無線LANがダダ漏れであったとしてもその通信内容は解読できません。つまり、公衆無線LANでもWebブラウザのURLアドレス欄を確認して、錠のマークが付く「HTTPS」ならば比較的安全、ということになります。

もっと
深く知る！

覚えておきたい
公衆無線LANの「リスク」

さまざまなリスクがあることを、あらかじめ知っておけば、公衆無線
LANを使用しても大丈夫。面倒な場合は「VPN」という手段もあります。

🐾 公衆無線LANで発生しうるリスクとは？

　日本でも公衆無線LANの普及が始まって、カフェや空港などに行くと独自のWi-Fiがありパスワードが提供されていることが増えました。おそらくみなさんもさまざまなメディアを通じて「暗号化されていない無線LANは危険」という認識はあるのではないでしょうか。無線LANはケーブルもなく通信も見えないため、リスクも見えにくく認識しづらいのです。

　そこで、現在よくいわれている「公衆無線LANに存在しうるリスク」の例を学び、安全に公衆無線LANを活用することを考えてみましょう。

🐾 無線LANの"暗号化"の意味

　公衆無線LANの多くは、WPAなどの暗号化が施されています（→P74）。家庭における無線LANであれば、すでに破られてしまっている暗号化手法のWEPは避け、WPA2などを利用することを推奨しますが、公衆無線LANの暗号化手法としてはWPA2も課題があります。

　家庭で利用される暗号化手法はWPA2の「PSK」（Pre-Shared Key）と呼ばれる仕組みで、事前共有キーを利用して暗号化が行われます。つまり、暗号化の鍵は接続された利用者全員が同じものを使っているのです。そのため、公衆無線LANであれば、あなたの通信は鍵を用いて暗号化されるものの、サイバー犯罪者が隣にいたら暗号鍵がバレており、簡単に元の情報を見ることができてしまうのです。暗号化はされていても同じネットワー

クにつながっていれば復号もできます。公衆無線LANが暗号化されているからといって、それだけで安心はできません。

🐱 通信経路ではなく、サーバーとの間で別の暗号化を行う「HTTPS」

ただし、対策はあります。最近Webサイトを見ると、パスワードを入力する画面でもないのにURLアドレス欄に「錠のマーク」が表示されているサイトをよく見かけませんか？　これは「HTTPS」と呼ばれるプロトコルでWebサーバーと接続していることを示しており、相手のサーバーとの間で「暗号化通信」ができていることを表しています。

公衆無線LANにおいてHTTPS通信ができれば、その間の通信内容を盗聴される危険性がグッと減ります **図1** 。これならば、HTTPSが利用可能なサイトは公衆無線LANでも安全に利用できると考えていいでしょう。

ただし、WebサイトのHTTPS対応は利用者の立場では何もできず、サービス提供者側（サイト運営側）が対応するのを待つしかありません。Yahoo!

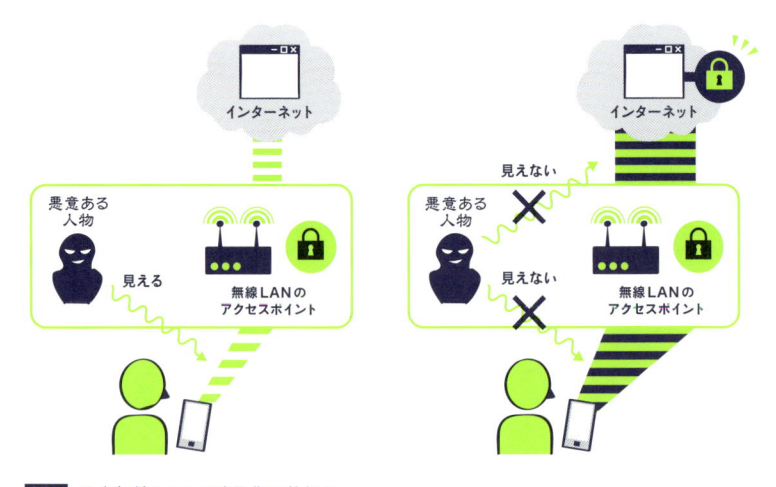

図1 公衆無線LANの暗号化の仕組み
左がHTTP通信、右がHTTPS通信のイメージ

JAPANなどはすでに全サービスでHTTPS化が完了しており、ほかの多くの企業、個人サイトですらHTTPS化の対応が進んでいるのですが、残念ながら省庁などの公的機関の対応が遅れており、少々残念な状況になっています **図2**。

🐱 HTTPのままWebサイトに接続していると……　最新の攻撃は「マイニング」

　HTTPSではなく、暗号化されていないHTTPのまま、公衆無線LANでネットワークに接続するとどのようなことが起きるのでしょうか？　実は最新の攻撃では、「いつも見慣れた正規のサイトに、不正なコードを埋めこみ表示させる」ことすらできるようになっています。

　公衆無線LANに接続した場合、カフェや空港に設置されたブロードバンドルーターを経由してインターネットに接続します。サイバー犯罪者にとっては、そのブロードバンドルーターを攻撃してしまえば、多くの利用者がターゲットになるという格好の狙い場でもあるのです。ブロードバンドルーターには、URLをIPアドレスに変換するDNSの仕組みもあります。多くの利用者がちょっとした空き時間に見るサイトの代表、FacebookやTwitterといったSNSサイトのDNSを、悪意あるサーバーに接続するように書き換えてしまえば、認証情報を盗んだり、盗聴ができてしまいます。ただし、FacebookやTwitterはもちろんHTTPS化していますので、偽のサイトにつないだときにはエラーが出ます。その違いに気がつけるかどうかが重要なのです。

図2 HTTPS化に対応しているサイト（左）と対応していないHTTPのサイト（右）
HTTPS化しているサイトでは、アクセスした際にURL欄に錠のマークが表示される

HTTPのWebサイトだと気がつきにくいことを悪用したのが「マイニング攻撃」。HTTPのサイトを利用者が見に行くとき、サイトの情報にほんの少しスクリプトを混ぜ、そのスクリプトによって仮想通貨のマイニングを不正に行うような攻撃手法です。普段見ているサイトをそのまま見せつつ、背後ではサイバー犯罪者があなたのPCのCPUを間借りし、仮想通貨を少しずつ稼ぐということが可能になります。

HTTPS化されたサイトであれば何らかのスクリプトが混入されると、本来は表示されるはずの錠のマークが表示されないため、利用者も気づきやすくなります。公衆無線LANの使用時には、いままでは出なかった「エラーが表示される」ことに、いつもより少し気をつけて利用すべきです。

🐱 心配ならばキャリアの無線LANやテザリングを

公衆無線LANを安全に利用する際のもう一つの安全策は、「携帯電話キャリアが提供する無線LAN」を利用するということです。最近提供されている携帯電話キャリアによる無線LANの一部は、SIM認証による接続が可能になっているものがあります。

これは先述の事前共有キー（PSK）の代わりに、SIMの中に入っている情報を使って認証・暗号化するというもの。全員が同じ鍵を使うのではなく、その人ごとに割り当てられた情報をもとに暗号化するので、同じネットワークを使っていても鍵は異なり、より盗聴に強い仕組みです。NTTドコモならば「0001docomo」、auならば「au_Wi-Fi2」、ソフトバンクならば「0002softbank」が対応しています。可能ならば、このSSIDを使える設定をしておきましょう。

ビジネス目的での利用に関しては、基本的に企業が指示するポリシーに従うようにしてください。以前に比べるとリスクは減っているものの、企業側が「使うな」としている場合は使うべきではありません。その際には、スマートフォンのテザリングを使う、提供されているVPNの仕組みを活用するなど、公衆無線LANを利用しないネットワーク接続手段を使うようにするのが重要です。

第3章

スマートフォンとSNSの
セキュリティ

スマートフォンが生活必需品となり、スマートフォンで SNS を楽しむことも日常の中で「普通」のものになりました。それだけに、この 2 つが大きなトラブルを生むことも多いのです。第 3 章では、手のひらサイズの PC であるスマートフォンに詰め込まれたあなたの "情報" を棚卸しし、その情報を漏らさぬために、あなたの先入観と常識をアップデートしていきましょう。

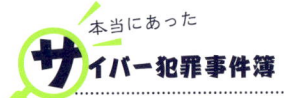
敵ながらあっぱれな
Twitter乗っ取りの手口とは？

　過去、あるテクニカルライターのTwitterアカウントが乗っ取られたという事件がありました。サイバー犯罪者は彼が使っていた3文字のアカウントを奪うべく、彼が利用していたGmailのアカウント（メールアドレス）に「パスワードを再発行」処理を行い、Gmailに登録されていたサブアカウントを推測します。そして今度はアマゾンのサポートに「クレジットカードを登録したい」と、対象者のアカウントに勝手にカード情報を追加。さらにアマゾンに「アカウントにアクセスできなくなった」と電話し、先ほど勝手に追加したクレジットカード情報を使って本人確認を終わらせ、そこに登録されていた本物のカード番号からアップルのアカウントにアクセス、Gmailのアカウントにアクセスし、最終的にTwitterアカウントのパスワードリセットを完了させてしまいました。こうやって、Twitterアカウントは奪われてしまったのです。

　これらのステップをよーく注意してみると……マルウェアを一切使わず、口八丁手八丁でサイバー攻撃が行われているのです。敵ながら、この鮮やかさには感心してしまいます。

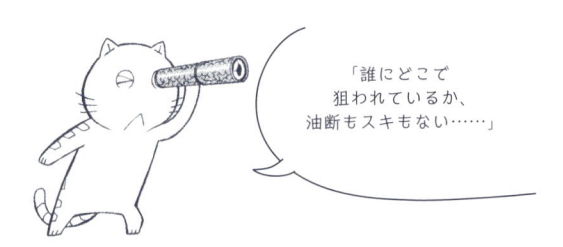

「誰にどこで
狙われているか、
油断もスキもない……」

参考記事：How Apple and Amazon Security Flaws Led to My Epic Hacking (WIRED)
https://www.wired.com/2012/08/apple-amazon-mat-honan-hacking/

Q15

サイバー犯罪者が付け入りやすい盲点はどこにある？

サイバー犯罪者の攻撃から個人情報やデータ、財産を守るためには、
PCやスマートフォンをしっかり守ることが大切です。
けれども、彼らの攻撃手法は、何もマルウェアだけではありません。

1 ウイルス対策ソフトがあっても、凄腕のハッカーなら、突破できる！

2 サイバー犯罪者はPCだけじゃなく、あなたの家の財産を直接狙ってくる！

3 一番の弱点って、実は「人間」なんじゃない？

3 一番の弱点って、実は「人間」なんじゃない？

特にSNSでは、あなた自身が"脆弱性"になっている場合があります。

① ウイルス対策ソフトがあっても、凄腕のハッカーなら、突破できる！

確かに凄腕の攻撃者なら、数多ある防御方法を乗り越える術すら持っているため、間違いではありません。

② サイバー犯罪者はPCだけじゃなく、あなたの家の財産を直接狙ってくる！

SNSの使い方によっては、普通の人でも勘がよければ、あなたの自宅や勤め先を特定するのはわりと簡単です。

「人間の脆弱性」をアップデートしよう

　ニュース報道などで、サイバー犯罪における「高度な攻撃」という言葉をたまに見聞きしますが、「高度な攻撃」は実はごく一握り。それ以外は「よくある攻撃」であったり、「攻撃とは思えない攻撃」といった、ありきたりの手法が使われています。ありきたりなやり方がいまだ使われ続けているということは、それなりに有効な方法だからなのです。

　特に気をつけなくてはならないのは「ソーシャルエンジニアリング」という手法。「ソーシャル＝社会的」なつながりを悪用して対象者の個人情報を得るもので、「標的型攻撃」と呼ばれる攻撃対象を特定した攻撃の場合には必ず行われるものだと考えてください。

　ソーシャルエンジニアリングについては次ページ以降で詳しく解説しますが、もしあなたがSNSで、個人情報を特定する上でヒントになる事柄を自ら発信しているとしたら、攻撃側に高度な技術がなくてもハッキングは簡単に行えます。

人の心理的な隙を巧みに突く「ソーシャルエンジニアリング」

映画などに出てくるハッカーの姿は、暗い部屋でキーボードをカタカタカタ……天才的な技術で強固に守られたシステムに破る！ でも、ほとんどのサイバー犯罪の実態は大きく異なっています。

本物のハッカーはコミュニケーション上手！？

「ソーシャルエンジニアリング」という言葉を聞いたことがありますか？実はハッカーたちの必須スキルともいえるもので、もしかしたら多くの人が抱くハッカーの印象を大きく変えるテクニックかもしれません。

ハッカーというとPCを使って、さまざまな技術を駆使しシステムに侵入し、あっという間に情報を盗むといった姿を思い浮かべる方も多いでしょう。しかし、実際のところはそのような技術を使うのは最後の最後。その前に行うべき準備段階のほうが重要です。

例えば「ビジネスメール詐欺」という攻撃では、その詐欺の本番の前に、対象の企業や組織がどのような構成になっているか、経理部門が振込み先を変更するにはどのような内部のやり取りがあるか、情報システム部門の部長の名前は何かなど、細々とした情報を積み重ねた上で攻撃を行います。ハッカーたちはその種の情報をシステムに侵入して奪うこともありますが、さらに簡単な方法があります。「直接聞けば」いいのです。

社長からの電話でパスワードを聞かれたら？

技術を使ってシステムからパスワードを盗み出すよりも、直接聞けばいい……しかし、「御社のファイルサーバーの侵入の仕方を教えてくれ」と言われて、教えるような企業はありません。でも、もしあなたの会社の社長からの電話で、「出先にいてメールを確認できないからすぐにパスワードを

教えてくれ」と言われたらどうでしょうか？

　このような方法は、ソーシャルエンジニアリングとしては代表的な例です。社長が情報システム部にいきなり電話をかけてくると怪しいと感じるかもしれませんが、「いま取引先の○○氏と商談中だ」「いますぐ確認できないと取引が流れてしまう、緊急だ」などといったリアリティのある話を交え、かつ社長のスケジュールには本当に取引先との商談が設定されていたとしたら、つい信じてしまいませんか？　もちろんこの時点で、サイバー犯罪者は社長の商談スケジュールの情報も奪っているわけです **図1**。

　逆に、従業員の立場で考えてみましょう。電話で「情報システム部の○○です。あなたのパスワードを確認させてください」という連絡が来た場合、あなたは真偽を見破ることができるでしょうか？　社内の組織構成を把握されており、情報システム部のメンバーの本名を名乗られたら、思わず教えてしまうかもしれません。

　また、例えば残業している夜を狙って「いらっしゃってくれてよかった！私、警備システムの業務を委託されている○○社の△△と申します。ビルの入退館システムに不具合があり、いまソフトウェアのメンテナンス中なのですが、誰もいらっしゃらなくて……大変申し訳ありませんが、入館用

もっと深く知る！

人の心理的な隙を巧みに突く「ソーシャルエンジニアリング」

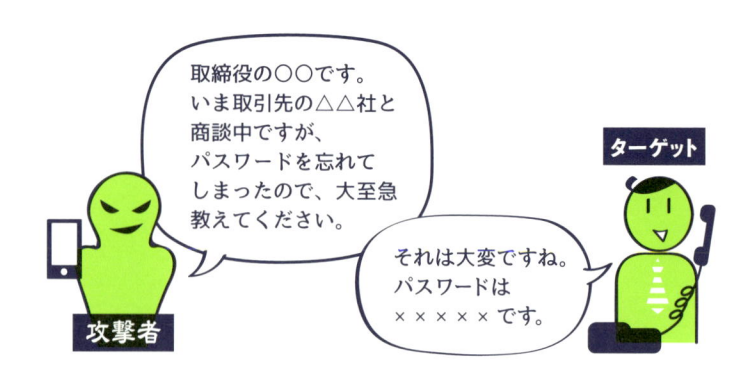

> 取締役の○○です。
> いま取引先の△△社と
> 商談中ですが、
> パスワードを忘れて
> しまったので、大至急
> 教えてください。

攻撃者

> それは大変ですね。
> パスワードは
> ×××××です。

ターゲット

図1　ソーシャルエンジニアリングの典型的な手口

の社員番号と暗証番号を教えていただけませんか？」といった具合に外部の業者を装ってきたら、うっかり騙されてしまいませんか？

　このように、人間の判断力や心理的な隙を突き、必要な情報をPCやネットワークを利用せずに収集するテクニック全般を「ソーシャルエンジニアリング」と呼びます。人間の心理を巧みに利用したやり口で、ハッカーと呼ばれる人たちはこういった会話術をマスターして、あなたの「心の脆弱性」を突くのです。

　実は、私たちも知らず知らずのうちにソーシャルエンジニアリングによる攻撃を受けていたり、攻撃に加担している可能性すらあります。ソーシャルエンジニアリングのハッキング技術の重要な部分では、キーボードでプログラムを入力してシステムに侵入するような技術ではなく、人間の心理的な部分を研究した手口が使われるものです。セキュリティ研究家の多くはこのような分野の専門官でもあるのです。

🐱 地味だが有効なテクニック

　ソーシャルエンジニアリングの技術は、最終的には「標的型攻撃」につながる大変危険なものです。大企業ではセキュリティ対策も進んでおり、システムを攻撃するのは難しくなっています。そのため、システムよりも弱い部分、「人間」を狙うのです。

　例えば、「ショルダーハック」という技術があります。その名の通り「ショルダー＝肩越し」にパスワードを盗み見るハッキングテクニック。テクニックと呼ぶほどのものではないと思うかもしれませんが、スマートフォンが普及したいま、満員電車などを狙ってそっと横に立てば簡単に実行できる可能性が高い技術です。

　また、もっと原始的なやり方でいうと、「ゴミあさり」も立派なソーシャルエンジニアリングといえるでしょう。さらには、従業員や管理者のSNSも、立派なソーシャルエンジニアリングの対象になりえます。場合によってはSNSを通じてネット上だけでなくリアルな交流を求め、酒の席などで直接個人情報を聞き出すなんてことも考えられます。

サイバー攻撃というとマルウェアや脆弱性を利用したシステム的な侵入が思い浮かぶかもしれません。けれども、一番弱い「人間」こそがもっとも対策を打つべき部分なのです。

🐱 対策は「警戒し続ける」こと

　ソーシャルエンジニアリングは人間を狙う攻撃ですので、完ぺきな対策を短期間に実施するのは難しく、まずはその手法を知り、もしかしたら「自分自身に対する攻撃では？」と想像することが、最初の一歩です。

　そして、これまでも企業内でも注意されてきた「社内に不審な人がいたら声をかける」「エレベーターでは私語を慎む」といったビジネスマナーや習慣をもう1度見直すことも必要でしょう。もちろん、パスワードは電話でもメールでも他人には教えないのは言うまでもありません。

ご注意
ください…

ソーシャルエンジニアリングの手口では、
上司や同僚、関係者などへの「なりすまし」が基本ですが、
SNS上でまったくの他人として接触してきて、
共通の趣味の話題などを通じて仲良くなった上で、
さまざまな情報を引き出すという手段も使われます。

安易に回答したハッシュタグで 個人情報がわかってしまう

SNSではハッシュタグを使って、さまざまな人とつながることができる
ようになりました。しかし、そのなかには絶対に反応すべきではないもの
もあります。

見方を変えると危険なハッシュタグは?

　Twitterに代表されるオープンな発言が行えるSNSは、たくさんの利用
者がおり、ふとしたことから見知らぬ人とつながることが楽しみの一つに
なっています。特にハッシュタグを使った交流は、ちょっとした日常の出
来事や、他愛もない疑問、そして意外な共通項がつながりの元になり、見
知らぬ人と大勢で楽しめる娯楽になっています。

　しかし、そのなかには少々危険と思われるものも存在します。おそらく
最初に発信した人は「そんなつもりはなかった」としても、サイバー犯罪者
の視点からは、これ以上ないほどの「個人情報」が漏れていると見える場合
があるのです。

　例えば「#きょう誕生日の人RT」というハッシュタグを考えてみましょう。
これがそのままタイムラインに流れてきたときには、みなさんも「誕生日が
バレたら問題かも?」と警戒するかもしれません。TwitterやFacebookで
はプロフィールに誕生日を表示する機能もありますが、あえて自ら誕生日
をさらしたくない、と身構えることができるでしょう。

　ところが、「#あなたと同じ誕生日の有名人」というハッシュタグだった
らどうでしょうか?　いろいろな有名人と同じ誕生日であると、みんなの
投稿が増えていったら心理的なハードルは下がり、自分も検索を行って同
じ誕生日の有名人の名前を投稿してしまうのではないでしょうか。検索し
てすぐ誕生日がわかるほどの有名な人が存在するならば、サイバー犯罪者
だってひと手間かければ、あなたの誕生日がすぐにわかってしまいます。

多くの場合、あなたの本人確認のカギとなる要素に誕生日の情報が含まれています。例えば何らかのサービスのパスワードリセットを行う際に、誕生日だけで本人確認をしていたとしたら、あなたがSNSで「#あなたと同じ誕生日の有名人」を投稿した時点で、そのサービスのアカウントが奪われてしまう可能性があるのです。

「秘密の質問」が秘密でなくなる？

　「同じ誕生日の有名人」以上に危険なのは、「ペットの名前」「母親の旧姓」「好きな食べ物は」「修学旅行でいった場所は」といった質問です。これらの質問に見覚えがあるでしょう？　そう、たまにアカウント作成時に聞かれる「秘密の質問」です。

　「秘密の質問」とは、パスワードを忘れたり本人確認を行うときに、パスワードとは異なる別の質問を聞くという仕組みです。これらは無味乾燥な文字列ではなく、意味のある文章だったり言葉が使われることが多いのですが、特にペットの名前や好きな食べ物などは推測が簡単であること、さらにはそもそも秘密ではないことが多く、セキュリティ専門家の間では「秘密の質問は登録させるべきではない」という意見が非常に多いのです。好きな食べ物が何かなんて、普段の会話のなかにも出てきそうな情報ですからね。

　ところが、いまだにこの秘密の質問が使われているサイトは少なくありません。なかにはこの秘密の質問で設定されるような項目を、SNSのハッシュタグとして悪用することを考える人もいるでしょう。ハッシュタグで

ご注意ください…！

SNSのおもしろみが少し減るかもしれませんが、
攻撃を受けるよりはマシと考えて、
ハッシュタグ投稿や診断アプリなどには、
なるべく投稿しないのが安全です。

もっと深く知る！　安易に回答したハッシュタグで個人情報がわかってしまう

おもしろがって「お母さんの旧姓は」という問いに答えてしまうと、秘密の質問だけでパスワードリセットできるサービスが狙われてしまうことだってあり得るのです。

　恐ろしいのは、私たちが娯楽の一つとして軽い気持ちで投稿したハッシュタグが、サイバー攻撃の情報として悪用されるという点。しかも情報は自ら喜んで提供しているわけですから、サイバー犯罪者からするとこうしたハッシュタグは「もっと流行れ！」と思っていることでしょう。

🐱 さらに恐ろしいのは「自宅の情報」

　ここからは、もう少し現実的な脅威に関して触れていきます。用心に用心を重ねた場合、「自宅」に関係する情報の投稿は控えることが重要です。

　多くのSNSでは、写真投稿時に写真ファイルに含まれる「位置情報」を削除する形で投稿が行われてます。設定を変えない限り、位置情報をもとにした自宅の特定はできないと考えていいでしょう。しかし、むしろ写真に含まれる情報と、それが「自宅から撮影された」という情報を組み合わせることで、あなたの自宅を特定することはそれほど難しくなくできてしまうと知っておいて損はありません **図1**。

　筆者が以前見た事例では、あるアイドルグループのメンバーがオフショットに近い写真をブログに投稿しており、それが自宅特定につながったことがありました。投稿した写真は自宅そのものではなく「駅までの道のり」の何気ないもの。ところがそこに写る鉄道の架線柱の形が各私鉄で異なることに注目され、その時点で「鉄道会社」「地上を走

図1　よくあるSNSの何気ない投稿

場所や地名を書き込んでいなくても、土地勘のある人が見ると、写真に写る特徴的な坂道や遠くに見えるデパートの建物などから、撮影場所をかなり具体的に特定できる

り、横に道路が併走している」などの情報をもとに、Google マップのストリートビューで同じ風景があっさり特定されてしまいます。これで、だいたいの自宅の位置が把握されてしまうのです。

「だいたいの位置」が把握されてしまうと、今度は部屋から外の風景を撮影した写真がないか、過去の投稿が丸ごとチェックされてしまいます。こういう場合、たいてい台風や雷、花火大会といった節目に写真が投稿され、その角度や風景、影の角度から時間と位置が確定できるのです。

こうした被害を防ぐには、自宅のベランダや窓の外が写る写真は一般公開はせず、可能な限り「限定公開」にすること。限定公開にしている場合でも、会社が許可している公知の情報は除いて、所属企業のオフィシャルな情報は載せない、写さないことを心がけてください。できれば一切投稿しないことが望ましいです。また、地震や雷、近所のイベントなどはリアルタイムでの投稿をやめることも重要です。

🐱 いつ・いかなるときに「標的」になるかわからない

ここまで怖がらせるような話ばかりしてしまいましたが、ほとんどの方はそこまで警戒しすぎなくてもいいのでは？と思っているでしょう。その意見にも部分的には同意します。

しかし、一番怖いのはあるタイミングで「誰かの標的」になってしまったときなのです。例えばストーカーに近い状態で誰かに狙われてしまったとき、まずSNSの過去の投稿が狙われます。投稿した時点では他愛もない内容だったとしても、振り返ってみると個人情報のかたまりだったということはあり得ます。あなただけを狙うSNS標的型攻撃にとって、それらの情報はリアルにあなたに近づくための「情報の宝庫」なのです。

SNSはとても楽しいツールですが、個人情報と切っても切り離せないもの。ここまで述べてきたようなリスクがあることを、頭の片隅に少しだけ残しておいて損はありません。

Q16

AndroidとiPhone、結局どっちが安全なの？

スマートフォンの機種は大きく分けると
「Android」と「iPhone」が選べます。
ところで、セキュリティ面ではどちらが安全なのでしょうか？

1 断然Android！
たくさんのメーカーが
選んでるんだから当たり前

2 iPhoneに決まってます。
だって、あのアップルが
作ってるんだよ！

3 使い方次第。
危険も安全も、一概には
言えないんじゃないかな

使い方次第。
危険も安全も、一概には
言えないんじゃないかな

真に安全なデバイスなど、この世の中には存在しません。

①

断然Android！
たくさんのメーカーが
選んでるんだから当たり前

スマートフォンをターゲットとした
マルウェアの99％は「Android端末」
上で動くといわれていますが……。

②

iPhoneに決まってます。
だって、あのアップルが
作ってるんだよ！

iOSにだって脅威はないわけではあ
りません。むしろ、その慢心が狙わ
れる原因かもしれません。

すべてのスマートフォンにリスクは内在する

　セキュリティベンダーの記者発表会などに行くと、最近ははっきりと「数だけでいうと、Android向けのマルウェアのほうがはるかに多い」という言葉を耳にするようになりました。その割合も、なんと99％以上だといいます。

　この話をそのまま受け取れば「Androidなんて危険！　iPhoneにする」と考える人もいるでしょう。しかし、iPhoneはマルウェアこそほとんど発見されないにせよ、攻撃手法がないわけではありません。安全だから何もしなくていいと考えたときに隙は生まれます。

　実際のところ、インターネットに接続されるデバイスのすべてに、攻撃できる手法は存在すると考えた方がいいでしょう。「○○より安全、△△は危険」と考えるのではなく、すべてのスマートフォンにはリスクが内在されており、それをいかに抑えるかがポイントなのです。次ページ以降で、そのリスクの抑え方を学んでいきましょう。

もっと深く知る！

Android でも iPhone でも、攻撃からデータを守るポイント

スマートフォンをターゲットにしたマルウェアのうち、99％は Android 向けと言われたら怖くなっちゃいますよね。でも、ある設定さえ見直せば、そのほとんどを防げます。

Android向けマルウェアの実態

さて、「世界に存在するスマートフォンをターゲットにしたマルウェアのほとんどは Android 向け」という話のからくりを紹介しましょう。実は、その99％のマルウェアのほとんどが「非正規のアプリストア」を経由してスマートフォンにインストールされています。非正規のアプリストアとは、みなさんのスマートフォンにも入っている「Google Play ストア」ではなく、まったく知らないストアのことです。そのような非正規ストア自体を目にしたことがなく知らないという方は、この時点で「99％を占めるマルウェア」から遠いところにいると考えていいでしょう。

また、99％という統計数値はGoogle のアプリストアが存在しない中国エリアで発見されたアプリがかなりの数を占めています。そのため、まずは「Google Play ストア以外からアプリをインストールしない」というのが、Android を守る鉄則といえるでしょう。例え、そこに著名なサービスやベンダーの名前があったとしてもです。また、正規の Google Play ストアからのダウンロードであっても100％安全とは限らないため、アプリの開発元の情報や評価コメントを確認してから判断するようにしてください。

非正規のアプリストアでインストールさせない設定

これだけでは「気をつける」という対策になってしまいますので、もう1つ「設定」で守る方法を考えてみます。

Androidの設定から、セキュリティ関連の部分で「提供元不明のアプリのインストールを許可する」という項目を確認してみてください。基本的にこの設定はオフ、つまり「許可しない」となっているはずです **図1**。この設定の意味がわからないという方は、絶対にオンにしてはいけません。

実はこの設定こそ、「正規のアプリストア以外からのインストールを許可しない」というもの。この設定さえオフにしておけば、Androidのマルウェアがインストールされることはほぼないはずです。

気をつけないといけないのは、逆にこの設定さえクリアすれば、サイバー犯罪者の

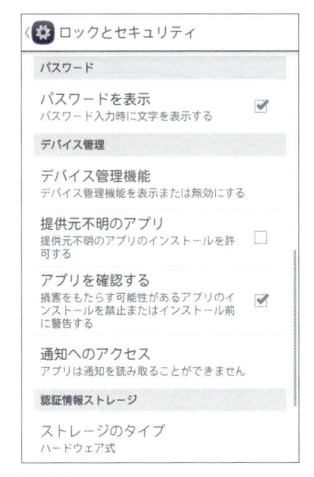

図1 「正規のアプリストア以外からのインストールを許可しない」の設定画面

目的が達成できてしまう点。彼らはあの手この手で、この設定を変更させようと努力しています。例えわかりやすく図解でこの設定を変えるよう指示されたとしても、絶対に変更しないでください。

最近では、スマートフォンにセキュリティソフトそのものをインストールする際にも、この設定を変更するよう指示がある場合もあります。原則としては「オフのまま変えない」を守りつつ、そのベンダーを信頼しているのであれば一時的にオンにして、インストールした直後に設定を元に戻すことを忘れないでください。

Androidにおいて「提供元不明のアプリのインストールを許可する」はセキュリティ上もっとも重要な、触ってはならないオプションです。Androidを使うのならば、そのことだけは頭の片隅に入れておいてください。

🐱 「iPhoneならば安全、安心」なのか？

iPhone向けアプリに不正な機能が埋め込まれていた事例は、これまでもたくさんあきらかになっています。iPhone向けのアプリストア「AppStore」

では、アップルがストアに登録する前にチェックを行い、アップルが定めたルールから外れる場合には承認を行わないという機構があります。クオリティの低いアプリを登録させないだけでなく、背後で不正な行動をさせないよう、iPhoneの安全性を高めるための施策です。

　ところが、その事前チェックも完ぺきではないようです。人の目で確認しているだけに完全というわけにはいかず、危険性をチェックし切れずにリリースされてしまうアプリもあります。

　そのような問題のあるアプリが野に放たれたとしても、その後セキュリティ専門家が不正な行動を発見すると、アプリ自体の提供と利用がストップされます。その意味では、リスクは最小に抑えられる仕組みがあり、ある程度の安全性が確保されているといえます。

　こうした一連の対策はiOS上で不正なアプリをインストールさせるという手法には有効です。

🐱 iPhoneの「脆弱性」が狙われるとひとたまりもない

　この手法以外にもう1つ、iOS自体の「脆弱性」を狙うパターンが考えられます。これはアプリをインストールさせるだけでなく、細工を施した不正なWebサイトを閲覧させるだけで、iOSの脆弱性により不正な行動をさせるという攻撃です。

　過去にも、Webサイトを閲覧させるだけで不正なプログラムを実行でき、「Jailbreak（脱獄）」と呼ばれる、OSの奥深くを不正に操作するといったことまでできる攻撃がありました。とはいえ、OSのバージョンアップを適切に行っていけば、脆弱性そのものがなくなります。

　脆弱性への対策は、適切に最新のOSにアップデートすることです。iPhoneはかなり昔のデバイスでも、最新のOSにアップデートできることが大きな特徴。必ずアップデートをしておきましょう。

iPhone特有「構成プロファイル」を使った攻撃

　正規のアプリストアからしかアプリをインストールできず、そのアプリもチェック済み。脆弱性もOSをアップデートしておけば大丈夫——iPhoneがセキュリティ上、安全性が高いといわれるのはそのような下地があるからです。けれども、脅威の入り込む場所はあります。その一つが「構成プロファイル」と呼ばれるファイルのインストールに関連するものです。

　格安SIMと呼ばれる、MVNO（Mobile Virtual Network Operator：仮想移動体通信事業者）による通信のために、みなさんももしかしたら「構成プロファイルをインストールしてください」という指示を受けたことがあるかもしれません。これは、通常の設定では変更できないものを、構成プロファイルという仕組みを使って変更できるようにするというものです。

　構成プロファイルでは、ネットワークの設定も大きく変更できます。例えば、VPN（Virtual Private Network：バーチャル プライベート ネットワーク）といって、すべての通信を特定のサーバーを経由して行うようにするだとか、指定したURLやアプリを開くアイコンをホーム画面に登録するといった設定の変更も可能になります。なかには、アプリを指定した場所からインストールするということまで可能です。

　この構成プロファイルという仕組みは本来、主に企業内でiPhoneを活用すべく、企業が作成した特定のアプリを一斉にインストールさせるようなときに使うものです。そのため、アプリストアに登録されていない企業が内製した特別アプリをインストールできます。悪用すると、アプリストアにはリリースできない、不正なアプリもインストール可能になります。

　もちろん、そのような仕組みを悪用させない方法も、アップルは持っています。まず、私たち一般ユーザーとしては「構成プロファイルは想像以上にいろんなことができるため、リスクがある」と認識しましょう。格安SIMの利用時には避けては通れない設定ですが、それ以外の場面で構成プロファイルをインストールするような指示があったときに、「相手が信頼できないからインストールしない」という判断ができるようにしておきましょう。

Q17

スマートフォンの「顔認証」「指紋認証」はどこまで安全？

スマートフォンに搭載されている「指紋認証」や「顔認証」の機能。
パスワードを入力しなくても画面ロックの解除や決済が行える
優れモノの機能ですが……安全性はどうなのでしょうか？

1

指紋や顔の情報を、
スマートフォンから
抜き取られたら怖い！

2

便利だけど、
いろいろ落とし穴も
ありそうだな……

大丈夫、大丈夫！
パスワードなんか
なくなればラクなのに！

3

正解 2

便利だけど、いろいろ落とし穴もありそうだな……

いまの生体認証には、すでにすり抜けるテクニックがいくつか見つかっています。

1 指紋や顔の情報を、スマートフォンから抜き取られたら怖い！

スマートフォンの生体認証は顔や指紋そのものを保存するわけではなく、そうそう単純なものではありません。

3 大丈夫、大丈夫！パスワードなんかなくなればラクなのに！

使うべきシーンを選べば、これ以上便利な認証方法はありませんが、過信は禁物。パスワードもまだまだ現役です。

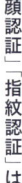

便利な生体認証をうまく活用しよう

　スマートフォンに搭載されている指紋認証や顔認証などの「生体認証」機能は非常に便利なものです。一方で、「指紋認証は怖い」と漠然とした不安を抱く方の多くは、「指紋の採取」が事件に巻き込まれた際の指紋の押収や入国管理などでの指紋チェックのイメージと結びつくようです。

　生体認証の重要なポイントは、2段階認証（2要素認証）の解説（→P29）で少し触れた「生体情報（Something You Are）」を活用することにあります。あなただけが持つ、ほか誰とも違う身体の特徴を認証に利用するもので、替えの効かない個人情報ですから、万が一盗まれたら非常に困りますね。

　実はスマートフォンで使う生体認証は、完ぺきではないにせよかなり考えられた仕組みで、私たちが気軽に使えるレベルになっています。生体認証は「必ずリスクを知った上で利用しよう」というのが、筆者の結論です。

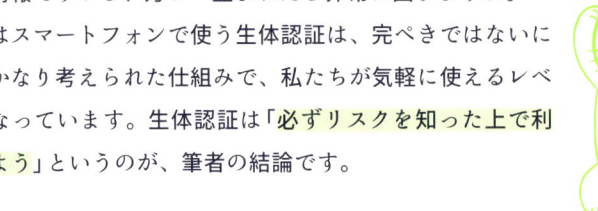

メリットとリスクを理解して
生体認証機能を活用しよう!

なんとなく怖いと思ってしまう指紋認証、顔認証。実はすでに破る方法も
見つかっているのですが、それでもやっぱり活用すべき、便利なIT技術
といえるのです。

🐱 パスワード入力の手間がかからず便利

　現在のスマートフォンには生体認証機能が当たり前のように搭載されて
います。2013年に登場したiPhone 5sで初搭載された指紋認証「Touch
ID」や、iPhone Xでデビューした顔認証機能「Face ID」を毎日使っている
方もいらっしゃるでしょう 図1 。Android端末ではそれよりも以前から生
体認証機能を搭載した日本製の端末も多く、すでに広く浸透したと言って
も過言ではない普及率です。

　しかし、生体認証を使っていないという方もたくさんいます。なんとな
く設定がめんどくさい、指紋を採られるのが
不安、顔認証が信頼できない……理由はさま
ざまですが、筆者個人としては「どんどん活
用すべき」と考えています。その理由の1つ
は、私たちが使うスマートフォンはさまざま
な個人情報につながっており、それを悪用さ
れるのを防ぐ上で生体認証機能が便利である
からです。

　スマートフォンを物理的に守るためには、
画面ロック設定を行うことはもはや必須で
す。ところが、「いちいちパスワードを入力
したくない」という理由で、画面ロックの設
定をしていない方も多くいらっしゃいます。

図1 iPhoneの「Touch IDと
パスコード」の設定画面

確かに、スマートフォンを肌身離さず持ち歩いていると、1日に数十回も画面ロックの解除を行わなければなりません。そのたびにパスワードを入力するのがとても面倒なのはわかります。

　そこで便利なのが「生体認証」です。指紋認証であれば指を重ねるだけ、顔認証ならば視線を向けるだけで、画面ロックを解除できます。パパッと画面ロックを解除できる、この1点だけでも生体認証は利用すべきだと、筆者は考えています。

🐱 生体認証機能の仕組み

　スマートフォンの生体認証機能では、実は指紋そのもの、顔そのものの記録は行っていません。指紋認証機能では指紋を画像の形で丸ごと保管し、それを比較しているわけではなく、あなたの指紋の「特徴点」だけを記録しています。例えば指紋のシワが行き止まりになっている場所や、シワが三角州のように3本重なる点、そして分岐点などの場所を抽出し、その位置や中心からの座標などをもとに、数値的に特徴を記録しているのです。

　また、多くのスマートフォンではデータの読み書きを制限するセキュリティチップが搭載されており、普通のプログラムではアクセスできない場所にこれらの特徴点データが格納されています。これなら、万が一そのチップにアクセスできたとしても、指紋や顔の画像そのものが復元できません。こうした仕組みを知ると、生体認証に疑問を持つ方も少しは安心できるのではないでしょうか。

🐱 指紋認証や顔認証を突破する方法

　生体認証の仕組みを知って安心したみなさんに不安を植えつけるわけではありませんが、生体認証にも当然リスクはあります。

　例えば指紋認証においては、刑事ドラマのように指紋を採取し、その情報を使って「グミ」製の指紋付きの指を作成して指紋認証に利用すると突破できるという研究結果があります。ほんの少しの機材で簡単に実現できる

もっと深く知る！ メリットとリスクを理解して生体認証機能を活用しよう！

ため、指紋認証は完ぺきではありません。

　顔認証も同様です。iPhoneがFace IDをリリースした直後から、研究家による突破の模索が続き、すでにマスクを使った手法が発表済みです。また、アップル自体は顔認証の精度として、無作為に選ばれた他人が解除できる可能性を「100万分の1」と発表していますが、よく似た双子がFace IDを突破できてしまうことも話題になりました。

　こうした意味で、生体認証がパスワードの代わりになるわけではない、というのが正しい認識だといえます。とはいえ、手軽で便利に、そしてスピーディーに本人確認ができるのは大きなメリットです。生体認証を突破する方法は皆無ではありませんが、それらを実行するには基本的に「デバイスそのものを盗む必要がある」ことに注視すれば、普段は便利な生体認証を活用しつつ、デバイスの画面ロックを設定した上で肌身離さず持つことで、生体認証の持つリスクのほとんどをカバーできるはずです。

🐱 身近に潜むハッキングの可能性

　ここまで読んで、なかには「寝ているときに勝手に指を重ねられたら、スマートフォンの中身が見られちゃう！」と思う方もいるのではないでしょうか？　筆者個人としてはこのケースが一番起こりそうな生体認証のリスクだと考えています。

　こうした事案に対して、スマートフォンの指紋認証ではなかなか防ぐことができません。例えば顔認証のFace IDでは、ロックを解除するときに

ご注意ください…

あなたの個人情報を狙うのは、
正体不明の凄腕ハッカーよりも「身近な人」。
実際には、その可能性のほうがはるかに高いのです。
意外に思われるかもしれませんが、それが現実……。

「Face IDを使用するには注視が必要」という
オプションがあり、目を見開いて認証する（＝
寝ているときには認証ができない）という機
能があります **図2**。指紋認証は寝ていると
きに指を保護する術はなさそうです。

　iPhoneであれば、寝る前に「電源ボタン／
サイドボタンを5回押す」を実行すると、一
時的にTouch IDが無効化され、生体認証が
オフになります。Androidの場合は機種に
よって異なりますが、一度再起動をすると初
回ロック解除時は必ずパスワードを聞かれま
すので、こうした機能で生体認証を一時オフ
にできます。

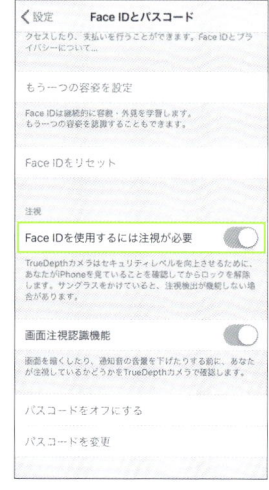

図2 iPhoneの「Face IDと
　　　パスコード」の設定画面

　本来ならば、夜間に指紋認証を使ってロッ
クを解除する場合や普段と違う人が触った場合には、同時にパスワード入
力も求めるなど、リスクに応じて認証方法を変える機能がスマートフォン
側にあれば完ぺきです。でも、もしあなたが身近な人からもスマートフォ
ンを守る必要があると感じたら、このような回避策も取り入れてみてくだ
さい。

Q18

ネットに"落ちてる"画像や動画、おもしろいから使っちゃえ……!?

SNSにはおもしろい画像や衝撃動画もたくさん投稿されています。
すでにインターネット上で公開されているものだから、
どこで使ったって大丈夫ですよね……？

1
ダメ!!
いくら公開されているものでも
第三者がルールを無視して
使うと大問題！

3
インターネットにあるものを
コピーしたらダメだけど、
紙の本ならOKじゃない？

2
もちろんOK！
宣伝にもなるんだから、
使って何が悪いの？

1 いくら公開されているものでも第三者がルールを無視して使うと大問題！

インターネット上で公開されたものでも作者に権利があります。SNSの利用規約に違反して勝手に使うと罰せられます。

2 もちろんOK！宣伝にもなるんだから、使って何が悪いの？

「宣伝になるからいい」というのは見る側・使う側の勝手な論理。大半の投稿者はそう思っていません。

3 インターネットにあるものをコピーしたらダメだけど、紙の本ならOKじゃない？

インターネット以外のメディアにおいては、より厳格なルールがあるので、基本的には許可なく利用するのはNGです。

簡単に複製できるからこそ、著作権を尊重する

インターネットはデジタルの世界。印刷物などのアナログコピーは劣化しますが、デジタルコピーは寸分たがわぬ複製を簡単に作成できるという特徴があります。これこそがデジタルの利点です。ところが、そこには「著作権」や「版権」という問題が発生します。著作権の保護期間内にあるほとんどの画像や動画は、デジタルで寸分たがわぬコピーを作ることは可能です。けれども、「できる」からやっていいということではありません。

自分が描いた絵をSNSに投稿したら、第三者がそのままコピーして、許可なく商品として販売されていた事件がいくつも発生しています。基本的に自分以外が作成した画像、写真、動画は作成者本人の許可なしに利用できないと考えるべきです。自分が「コピーする側」だと深く意識せずにやってしまいがちですが、もしあなたが撮った写真が広告などの素材として勝手に使われていたら嫌ではありませんか？　デジタル世界だからこそ、気をつけるべきことがあるのです。

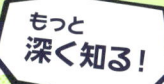

インターネット上の画像を 違法に利用しない・させない

デジタル情報は簡単に、完全なコピーが作成できます。でも、「できる」と「やっていい」は違うこと。作者がそのイラストや写真を作る苦労を考えたら、盗用は絶対にしてはいけません！

画像や映像には著作権や版権が存在する

　Twitterなどの SNS の投稿では「画像」がたいへん重要な要素になります。多くの人の注目を集めるためには、文字情報だけではなく画像が必須。でもその画像は、本当に使っても問題ないものでしょうか？

　例えばテレビやアニメの映像は、そこで使われている絵や画像そのものに著作権や版権が発生します。例えテレビのディスプレイに映像が映し出されているところをスマートフォンで動画撮影したとしても、それを勝手に第三者が SNS に投稿することは禁じられています。より厳密に言えば、SNS を運営する企業は利用者に対してアカウント登録時などに、「権利的に問題のないものだけを投稿する」という規約の承諾を得ているため、著作権・版権を侵害する投稿をした場合、またそれをリツイートなどで再投稿した場合でも「利用者の責任」となります。

　何もそこまで……と思うかもしれません。しかし、近年では SNS の投稿を巡り、権利侵害で訴えられるケースも増えています。「宣伝になると思った」などの言い訳は通用しません。SNS に投稿する画像、動画については「他人のものを勝手に使い、投稿しない」ということを心がけるようにしましょう。他者が権利を持つものが写っている「スクリーンショット」も同様です。この問題は、逆に「自分が権利を持つものが勝手に悪用された」場合を考えると、より理解が早いでしょう。

あなたの写真も「盗用」されるかもしれない

　例えばあなたが撮影した風景写真などが、勝手に誰かに使われ、まったく違う文脈で利用されるなどの可能性があります。

　よく問題になるのが「まとめサイト」です。あなたが旅行中、何気なくSNSに投稿した写真が、まとめサイトに"転載"される事件もあとを絶ちません。しかも、あなた自身は発言していないコメントや内容がその写真に追記されていることも。特に旅行関連のまとめサイトでは、まとめサイトの執筆者は現地に行くことなく、SNSにあふれる写真をもとに記事を作成することが問題になっています。そのなかにあなたが撮った写真が含まれていたとしたら、とても不快に感じませんか？

　最近では、まとめサイトに対する訴訟の事例もたくさん出てきました。簡単にコピーできる分、軽い気持ちで行ったことが人生の大きな汚点になり得ることを知っておけば、気安く転載しようだなんて思わないはずです。

ご注意
ください…

何度も描き直してやっと完成したイラストや
現地まで行って苦労して撮った写真が、
自分の知らないところで勝手に使われてたら……。
作者の気持ちになって考えてみましょう。

著作物はルールに則り、
正しく「引用」しよう

著作物の「引用」は私たちに与えられた権利でもあります。著作権を守りながら適切に情報を活用し、さらに奥深く論じるために設けられたルールです。著作権を侵害しないよう「正しく引用」しなければなりません。

　「著作物」とは映像や写真、絵画、イラストだけに限らず、小説・論文などの文章や図表、プログラムなど多岐に渡ります。インターネット上での利用に限らず、第三者の作成した著作物の一部を自分の著作物のなかで使用するためには、「正しく引用」する必要があります。

　それには次のルールを守らなければいけません。これは著作権法第32条でも明言されているものであり、ルールを守れば著作者の許可がなくとも「引用」という形で使わせてもらうことができます。

「引用」（第32条第1項）
　　他人の主張や資料等を「引用」する場合の例外です。

【条件】

ア　既に公表されている著作物であること
イ　「公正な慣行」に合致すること
ウ　報道、批評、研究などのための「正当な範囲内」であること
エ　引用部分とそれ以外の部分の「主従関係」が明確であること
オ　カギ括弧などにより「引用部分」が明確になっていること
カ　引用を行う「必然性」があること
キ　「出所の明示」が必要（コピー以外はその慣行があるとき）

出典：文化庁「著作権なるほど質問箱」より
https://pf.bunka.go.jp/chosaku/chosakuken/naruhodo/outline/8.h.html

　これは、「引用する正当な理由がある」場合、つまり引用する部分が「主従関係の"従"」として「明確に範囲がわかる」ように記載しつつ「引用元を明

示する」というルールが守られれば、「正しい引用」として著作権を侵害せず、かつ著作権者に"無断"でも利用が可能だということになります。

　インターネット上で他人の著作物を"転載"している場合、そのほとんどは前述の引用の要件を満たしていません。まとめサイトなどでは「引用元のURLを明示すれば引用にあたる」との自論が語られている場合もありますが、主従関係が不明確な場合がほとんどです。

🐱 SNSの規約で転載可能なものも

　また、Twitterの場合は前述の引用要件は満たさないものの、リツイート機能や正規の埋め込み方法など、SNS運営における規約として認められる"転載"が存在します。著作権法上は問題でも、システムが用意した方法ならば著作権者の許可がなくてもで利用が可能ということですね。

　Twitterなどでは、投稿内容をテレビや書籍などで利用する場合には、投稿者のTwitterアカウントを正しく表示したり、アイコンを表示するといったルールが設けていますが、ほとんどのケースでは個別に許可を取って対処しているようです。

　もしあなたが、FacebookのシェアやTwitterのRT以外の方法で投稿内容を転載したい場合、例えばポスターや書籍などで投稿の一部を利用したいときには、著作権者とのトラブルを防ぐ意味で必ず個別に許可を取るようにしましょう。

　SNSではタイムラインをほんの数時間眺めているだけで、厳密には著作権違反となる画像や動画が流れてくるのが現状です。アイコン画像に、キャラクターやロゴなど、各社の版権を無視したものをそのまま利用している方もいるでしょう。これは版権を有する各社が「お目こぼし」しているだけで、本来はやってはいけないことです。いつか大目玉を食らってしまうかもしれません。特に企業が運営するSNSアカウントでは著作権や版権を侵すと企業の信頼が損なわれますので、必ず守らなければいけないポイントです。

Q19

SNSで、あの有名人の極秘情報を教えるリンクが流れてきた！

SNSを眺めていたらタイムラインに気になる投稿を発見！
みんなが知りたい有名人の「あの秘密」があきらかになる！と、
その投稿に書かれていましたが……。

1 早速クリック！
動画で教えてくれるみたい。
プラグインが必要…OK！OK！

2 ところでそのアカウント、誰？
もしかして
だまされてるんじゃ…

3 怪しい気もするけど…
URLはいつも見ている
サイトっぽいから
大丈夫！

ところでそのアカウント、誰？ もしかしてだまされてるんじゃ…

「あなただけに教える」「どこよりも早い情報」といった文句は、フィッシング詐欺でよく使われるものです。

1

早速クリック！
動画で教えてくれるみたい。
プラグインが必要…OK！OK！

プラグインでもなんでもない、直球の「マルウェア」の可能性が大です！

3

怪しい気もするけど…
URLはいつも見ている
サイトっぽいから大丈夫！

フィッシング詐欺を行うサイトは、URLを正規のサイトとよく似たものにするテクニックが持っています。

「フィッシングサイト」から身を守るには

「iPhoneが当選しました」「ポイントを大量にプレゼント！」「あなたのPCがウイルスに感染しています」……そんなメッセージがメールで届いたり、Webサイトを見てると表示されたりということはありませんか？　これらは「フィッシング」と呼ばれる詐欺で、ほぼ100％、あなたをだますための嘘の話だと考えてください。

フィッシングの語源は諸説ありますが、魚釣り（Fishing）をハッカー風に崩したスペル「phishing」がもとになったともいわれています。インターネット上で利用者をだましてパスワードをはじめとする認証情報を盗んだり、大事な情報を聞き出したりするなどのテクニックとして使われます。また、クリックをさせることで、サイバー犯罪者が用意した悪意あるサーバーにアクセスをさせ、マルウェアをダウンロードさせるという手法もあります。

この「人をだます」テクニックがたいへん巧妙で、フィッシング詐欺の存在を知っていても、うっかりだまされてしまうレベルのものもあるのです。

もっと
深く知る！

あなたもだまされる!?
華麗なる「フィッシング」の世界

サイバー世界であなたをだますために、さまざまなテクニックが駆使されるフィッシング。もはやサイバー犯罪というより、リアル世界の「詐欺」の手口と変わらないといえます。

「知る」ことが防御策の第一歩

インターネット、特にメールやSNSを利用する上で、もっとも身近なサイバー攻撃は「フィッシング」かもしれません。メールボックスには、あなたをだまそうと日々たくさんの迷惑メールが届いているでしょう。それらはあなたが（架空の）抽選に当選し、プレゼントを用意しているというものから、あなたを脅して身代金を要求するものまで。そのほとんどは「無視」するのが一番ということを、みなさんもよくご存知のはずです。

しかし、フィッシングのテクニックは日々進化しています。フィッシングの手口はシステムをハッキングするような「技術」ではなく、主に「心理的」なテクニックを多用してきます。そのため、何も知らなければコロッとだまされてしまうかもしれません。ここでは、実際に行われたフィッシング詐欺の例をもとに、どんな手口が使われるのかを学んでいきましょう。

事例①：パスワードがばれ、監視されている！？

2018年にやってきたフィッシングメールで、少々驚きをもって伝えられたのが「件名にあなたのパスワードが記載された迷惑メール」です。

このメールには、あなたのIDとパスワードそのものをメールの件名や本文に散りばめ、「あなたを監視している」「PCのWebカメラを乗っ取り、あなたがポルノサイトを見ている様子を録画した」などと脅迫し、その情報をバラまかれたくなければ仮想通貨を指定の口座に振り込め、という指示が

書いてあります。驚くことに、そのパスワードは確かに自分が付けたものだったと証言する人も多く、もしかしたらこれは本当に乗っ取られているのでは……と思った人も少なくありません。

早速、種明かしをしましょう。実はそのパスワードのほとんどは数年前に大量に流出したパスワードでした。多くの場合、パスワードが流出した時点で（流出元の指示に従い対策していれば）パスワードを変更しているはずです。このサイバー犯罪者は大昔のパスワードリストを入手し、それをもとにフィッシング詐欺を仕掛けているのではないかと推測されています。ブラックマーケットでは過去に流出した、現在では有効ではないと考えられるID／パスワードのセットも売られているため、それを悪用したなかなか狡猾なサイバー犯罪者といえるでしょう。

対策は簡単。「無視」することです。ただし、基本となる「セキュリティ対策を行う」「脆弱性をなくすためアップデートを行う」「バックアップを取る」を必ず実施しておきましょう。

🐱 事例②：荷物が届いたので、アプリをインストールしてほしい

もう1つ、2018年に発生した事件をもとに学びましょう。運送会社から「あなたの家に荷物をお届けに上がりましたが、不在でした。下記のURLからアプリをインストールして再配達を指定してください」といった内容のSMSが届きます。指示通りにアプリをインストールしてしまうと、実はそれがマルウェアで、あなたのアドレス帳に登録されている友人・知人に、同じ内容のSMSがそれぞれに送られてしまう……といった事件です。

このフィッシングの狡猾なところは、何かアクションを取らなきゃいけないかも？と思わせるところです。実際にSMSに書かれたURLをタップすると、本物とまったく同じに見える偽サイトが表示されます。ごていねいにアプリのインストール方法の説明まで出てきますが、本来は行うべきではない手段。それでも「再配達を登録しなきゃ！」と考えて見に来ているので、不審に思わず指示通りに行ってしまう方もいるでしょう。

フィッシング詐欺には、本物そっくりに作られた偽のフィッシングサイトが使われます 図1 。本物そっくりに作ることはびっくりするほど簡単。そのため「フィッシングサイトかどうか、十分気をつける」というだけでは対策にはなりません。そこがフィッシング対策の難しいところです。

短縮URLに潜む罠

　フィッシングで注意すべき点は、SNSの「短縮URL」にもあります。Twitterなどの短文投稿SNSで文字数制限が厳しかった時代に、bit.lyやow.lyなど長いURLを短くする短縮URLサービスがたくさん登場しました（現在ではTwitter自体がURLを短縮化するだけでなく、表示上は元のURLを示すようになっています）。

　この短縮URLサービスは、どんなドメインでもサービス側が用意した短い文字列に変換されます。サイバー犯罪者の視点で見ると、どんなに怪しいドメインを使っていたとしてもそれを隠すことができる、ということになりますね。

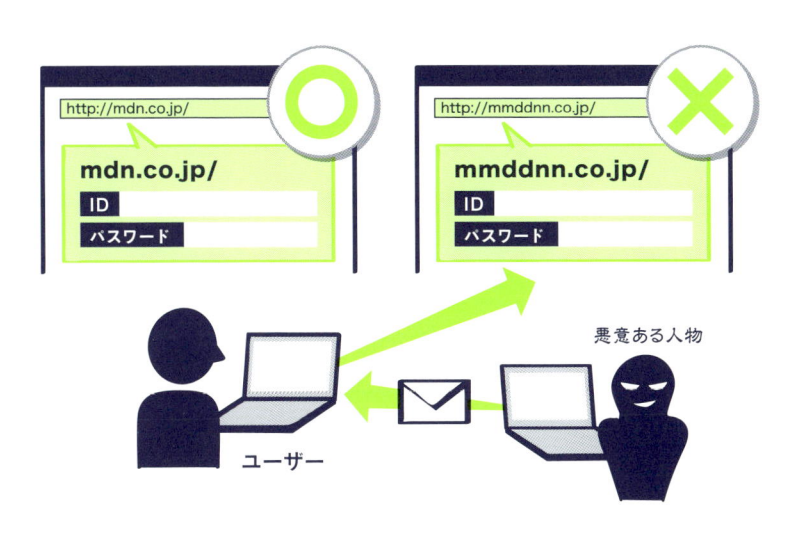

図1 リンク先には本物そっくりの「偽サイト」が表示される

短縮URLサービス自体に問題はないにせよ、メールに記載されているURLが今回に限って短縮されているなど普段と違いがあった場合、正規のものではない可能性があります。特に金融機関からのメールで、「あなたの口座情報をアップデートするため、下記のURLからパスワードを入力してください」といった文言があった場合、メールに記載された短縮URLをクリックするのではなく、自分で銀行のURLを"手で入力して"、そこからログインするようにしてください。銀行のWebサイトのトップページにそのような口座情報のアップデートが必要だ、と書かれていなければ、メールが偽物だということがわかるはずです。

🐱 詐欺の手口の情報をみんなで共有する

フィッシング詐欺はあなたが間違ったサイトでアクションを起こすよう、あの手この手でだまします。つまり、「間違ったサイト」を見ないこと、もしくは「アクションを起こさないこと」が重要です。最近のフィッシング詐欺は「荷物が届いた」「パスワードのリセットが必要」「動画を見るためにはプラグインをインストールせよ」など、こちらが「アクションを起こさなきゃ！」と思うようなことをうまく表現します。

そのため、これは何かアクションが必要かも？と思ったら、URLをクリックするのではなくブックマークから該当のサイトを表示することをおすすめします。特に金融機関のサイトはフィッシング対策の意味も含めて、あらかじめブックマークをしておくようにしましょう。

さらに、フィッシング詐欺の対策は「みんなで情報を共有」すること。おかしいなと思ったら、まず周りの人が同じような被害に遭っていないか、公式のSNSアカウントで注意喚起が行われていないかなども合わせて確認する[1]ことが重要です。みんなの力を合わせれば、フィッシング詐欺も怖くありません。

※1 日本サイバー犯罪対策センター（JC3）のWebサイトにある情報や注意喚起も参考になる。
https://www.jc3.or.jp/info/index.html

Q20

アイツのSNSに、勝手にログインしてイタズラできないかな!?

ちょっとしたことでケンカしてしまった友達のTwitterアカウント。
イラッ！ときたから、ちょっとイタズラしてやろう。
どうせパスワードはアイツの誕生日だろうから……。

1 20050105……
あれっ、本当に
ログインできちゃった！

2 ダメ!!
ログインできてしまった
時点で犯罪です！

3 すぐわかるパスワードを
使ってるほうが悪い。
やっぱり強固にしないとね！

2

ダメ!!
ログインできてしまった
時点で犯罪です!

日本においては「不正アクセス行為の禁止等に関する法律」に違反する行為。立派な「犯罪」です。

1

20050105……
あれっ、本当に
ログインできちゃった!

パスワードが簡単に推測できたとしても、いたずら目的で他人のアカウントにログインしてはいけません。

3

すぐわかるパスワードを
使ってるほうが悪い。
やっぱり強固にしないとね!

おっしゃることにも一理あります。でも、それは攻撃する側が言うセリフではありません!

Q20

アイツのSNSに、勝手にログインしてイタズラできないかな!?

「たまたまログインできちゃった」は立派な犯罪

　子ども同士のトラブルにインターネットが関係することが増えてきました。子どものケンカが「サイバー攻撃」になってしまう——現実に起こり得る話です。

　ありがちなのは、TwitterをはじめとするSNSに対する「イタズラ」。多くの子どもたちは学校でも家庭でもSNSの「パスワードの作り方」は教えてもらっていません。そのため、子どもたち自身がアカウントを作成すると、どうしても単純なパスワードしか付けない傾向があります。つまり「他人が簡単にパスワードを推測できる」ということです。友達のSNSアカウントのパスワードを推測で入れたら、ログインできてしまった。実際にやってしまうと立派な犯罪です。現実に補導まで至る例も多く、ニュース報道も多数行われるほど。おそらく当人たちはケンカの延長線上などで、まさか補導されるとは思いもしなかったでしょう。

　こうした問題はむしろ親世代が知っておくべきことです。他人のアカウントに不正ログインしない・させないことは、家族を守ることと捉えましょう。

SNSなどへの不正アクセスは
出来心では済まされない

SNSやインターネットの世界にも、当然「法律」があります。ほんの少しの出来心で人生を台無しにしてしまわないよう、基本的な知識を身につけておきましょう。

🐱 知っておいて損はない「法律」の話

「他人のアカウントのパスワードを推測で入れたらログインできてしまった」──これは立派な犯罪です。総務省の「国民のための情報セキュリティサイト」によると、不正アクセス禁止法は下記のような説明があります。

（本文中の引用）
不正アクセス行為の禁止等に関する法律（不正アクセス禁止法）は、不正アクセス行為や、不正アクセス行為につながる識別符号の不正取得・保管行為、不正アクセス行為を助長する行為等を禁止する法律です。
識別符号とは、情報機器やサービスにアクセスする際に使用するIDやパスワード等のことです。不正アクセス行為とは、そのようなIDやパスワードによりアクセス制御機能が付されている情報機器やサービスに対して、他人のID・パスワードを入力したり、脆弱性（ぜいじゃくせい）を突いたりなどして、本来は利用権限がないのに、不正に利用できる状態にする行為をいいます。

出典：文化庁「著作権なるほど質問箱」より
https://pf.bunka.go.jp/chosaku/chosakuken/naruhodo/outline/8.h.html

つまり、パスワードなどの仕組みで保護されたシステムやサービスに対して利用権限がないのに不正に使うと、この法律に違反するということになります。いくら弱いパスワードだったとしても、それを破ると犯罪として扱われるわけです。いかなる理由があったとしても、そのような行為をしてはなりません。

イタズラ心で「ふざけただけつもりが……」ではなく、立派なサイバー攻撃を子どもたち自身が行ったという報道も少なくありません。なかには高度な技術と知識を持ち専門家顔負けの行動を行う事例もありますが、高度な攻撃を気軽に行ってしまう場合もあります。

サイバー攻撃の手法の一つに「DDoS攻撃」というものがあります。これは特定のサービスに対して複数の端末からアクセスを集中させ、サービスを使えなくさせるというもの。多くの場合、サイバー犯罪者がPCやルーターを乗っ取り、それら「他人の端末」から特定のサービスにアクセスを仕掛けるという仕組みで実現されています。

🐱「サイバー攻撃」を買える時代

サイバー犯罪者がDDoS攻撃を仕掛ける場合、まずはその乗っ取り行為から始めないといけません。それも数万台、数百万台の規模です。そのため、サイバー犯罪者は「他のサイバー犯罪者が既に持っているDDoS攻撃基盤を借りる」ということを行っています。もはやこの攻撃は、犯罪者の相互扶助で成り立っているわけです。

さらにサイバー犯罪者は考えます。この「サービス」をもっと手軽に販売しよう──実は、すでに「DDoS攻撃サービス」が普通に買える時代になっています。それも、コーヒー1杯程度の値段でそれなりの攻撃が行え、かつ"サポートも充実"しているというのだから驚きです。もちろん表向きは、負荷テストを行うツールだから悪用厳禁、とされていますが。

実はこのような「DDoS攻撃サービス」を未成年が使い、検挙される国内事例も多数あります。意外にも、子どもたちが本格的な「サイバー犯罪」を、手軽に行えてしまうのがいまのインターネットの実情です。家庭における教育とコミュニケーションで、これらが立派な犯罪であり、ニュースにも載るということを教えていく必要があるでしょう。

Q21

デジタル時代の個人のプライバシー、どこまで守るべきなの？

ITやインターネットで世の中は格段に便利になりました。
しかし、知らないうちに自分のいろいろな情報が集められ、
集約されているのは、果たしていいのでしょうか？

1 プライバシー…
私の個人情報なんて
そんなに価値ないでしょ？

2 イヤだ！
何もかもネット経由で知られて
すごく気持ち悪い！

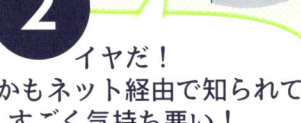

3 ギブ＆テイクの精神で、
バランスに気をつけないと
いけないね

正解 **3**

ギブ&テイクの精神で、バランスに気をつけないといけないね

デジタル時代のプライバシーは、まず私たちが「プライバシーに気をつかう」ことから始まります。

プライバシー…私の個人情報なんてそんなに価値ないでしょ？

価値のない情報はありません。あなたにまつわる小さな情報も「塵も積もれば山となる」のです。

イヤだ！何もかもネット経由で知られてすごく気持ち悪い！

情報を渡さないためには、相手が何を知ろうとしているのか判断する能力が必要ですが、なかなか難しいのが現状。

ほんの少しの情報も、集めれば武器や凶器になる

　プライバシー問題をはなかなか理解が難しいものです。真剣に考える専門家は、プライバシーをないがしろにしがちなサービスに警鐘をならす一方、一般の方から見ると「たいした情報じゃないから、別にいいじゃん」と、考えが二極化している様子が見て取れます。しかし、プライバシー問題は他人事ではないはずです。

　もっとも身近なプライバシー問題は、「スマートフォンが集める情報」かもしれません。スマートフォンはもはや小さなPCですから、処理能力が非常に高いだけでなく、そのなかには知人の連絡先、あなたが撮影した写真、さらにはGPSやWi-Fiを使った位置情報が記録されています。それらはクラウドに送られ、クラウド上で蓄積されます。その情報が盗まれる可能性はゼロではありませんし、クラウド事業者が利用規約への同意という「あなたの許可を得て」、何らかのビジネスに活用するのが当たり前の世界です。脅すようなことを言ってしまいましたが、プライバシーの重要性を知ることで少しずつ世界が改善されるはずです。

プライバシーの考え方
——身近な「位置情報」をもとに

プライバシーに関して専門書を読むよりも、目の前にあるスマートフォンがどのような情報を集めているかを知れば「一目瞭然」です。

目で見てわかる「スマホの情報収集力」

　プライバシーを簡単に学んでいきましょう。もしみなさんがスマートフォンでGoogleマップのアプリを使っているのならば、メニューから「タイムライン」という項目を選んでみてください。IT時代のプライバシーと、それを守るというのがどんなことか、一瞬で理解しやすくなります。

　この機能は、Googleから提示された利用規約に同意し、位置情報の取得に許可を与えている人の「これまで移動してきた記録」を残すもの **図1**。タイムライン情報の取得に許可を与えていることを理解している人であれば何も驚くことはないでしょうが、これまで多くの知人にこの機能を教えたところ、「タイムライン」から出てくる情報に一様に驚いていました。

　ただ、筆者は「だから怖い」と言いたいわけではありません。あくまでこの情報はあなたしか見られないもの。そのためにアカウントをしっかり守る必要はあるものの（二段階認証を使いましょう！）、日記代わりに行動が記録されるという意味ではとても便利なものだとも思います。

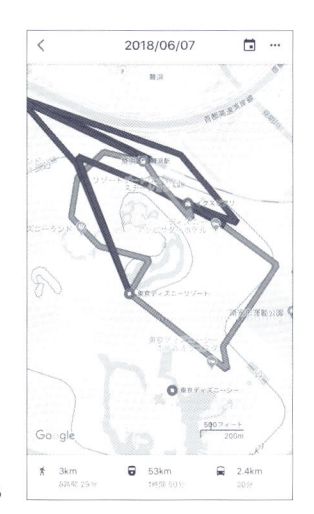

図1
Googleマップのタイムライン表示
日付をさかのぼって移動記録が表示できる

しかし、課題は「明示的に同意したつもりがなかったのに、こういう情報が集められていた」ということではないでしょうか。これこそが、IT時代のプライバシーの問題です。なお、このGoogleマップのタイムライン機能は、Googleアカウントの「ロケーション履歴の管理、削除」からオフにすること、過去の記録を削除することもできます。

さらなる問題は「クラウド」と匿名化

そして、ここで解説する個人情報のもう1つのポイントは、これらのプライバシー情報が「クラウド上にある」ということです。これがスマートフォンのなかだけにあれば、物理的にスマートフォンをなくさなければ情報を守ることができます。しかし、クラウド上にあった場合、クラウドのサービス事業者がそのデータを保持していますので、どのように利用されるかはサービスの利用規約によります。

残念ながら、多くの方は利用規約を読まずに同意を押しているでしょう。もしかしたら、利用規約にはプライバシー情報をさまざまに「活用する」ことが明記されているかもしれません。

クラウドサービスを提供する企業には、個人情報をそのまま使うのではなく「匿名化する」と宣言している場合が多くあります。ただ、あなたの本名がわからなければ大丈夫かというと、実はそうでもありません。

みなさんが持っているICカード乗車券を例に取ってみましょう。多くのICカード乗車券には定期券などの情報が入れられるため、本名も記録されています。この情報が匿名化されたとしても、「乗車した駅の名前」「乗車日時」「降車した駅の名前」「降車日時」「定期券区間」はわかります。さらにはコンビニなどでも購入記録が残ります。「氏名の情報さえなければ、誰かわからない」と思いますか？

ちょっと推理を行ってみましょう。乗車時刻が朝7時くらい、降車時刻が午後8時前後であれば、その人は「会社員」であることが想像できるでしょう。特に月曜から金曜に利用しているとなると、ほぼ確実に会社員です。乗車駅の近くに自宅があり、降車駅の近辺にある企業に務めていると絞り

込めます。さらに、だいたい毎朝9時前に特定のビル内のコンビニエンスストアでちょっとした買い物をしているとしたら、そのビル内にオフィスがある可能性が高くなります。こうして考えると、本名の情報がなかったとしても、だいたいどの人なのかがわかってしまうと思いませんか？

　「個人情報」を単に本名、住所、連絡先ととらえると、このようなことが起こり得ます。本来の個人情報とは「個人を特定できる情報」ですので、単純な匿名化だけでは個人情報を守れないのです。

POSデータと「紐づけ」できたとしたら……

　さらに悪いシナリオを考えてみます。その人がどんなものを買ったのかという情報が紐づけられると、さらにライフスタイルを追いかけることが可能です。

　POS[1]データの購入情報のなかに、例えば「おむつ」があったとしたら、家族に乳幼児がいることがわかるでしょう。ましてや、買ったものの情報のなかに「薬」があったとしたら、持病などの他人には絶対に知られたくない情報が推測できてしまいます 図2 。

　そして、POS情報と先ほどの購入情報で、店舗と時間を「紐づけ」できたとすると、膨大な情報と膨大な情報を組み合わせ、さらなる推測が可能です。こうなると、名前は匿名になっていても本人特定ができてしまうかもしれません。

　IT時代のプライバシーの脅威は、例えほんの少しの情報でも、何か鍵になる要素をもとに「紐づけ」することで膨大なデータに変わる、ということです。

図2 POSシステムの情報が記載されたレシート

レシートからわかるのは、平日の朝8時台にコーヒーショップに立ち寄ったという情報だけだが、こうした細かい情報が集積されると行動パターンや個人を特定できる可能性が高まる

※1：レジで支払いがなされることで、商品名や価格、数量、日時などの、販売時点（Point of Sales）の情報を管理できるシステム。

対抗策は「プライバシー情報に敏感になる」こと

　私たちのプライバシー保護は、インターネット上でビジネスを行うサービス事業者の思想やモラルに頼り切っているというのが実情です。残念ながら、利用者である私たちができることはそれほど多くないため、情報を勝手に集められ勝手に利用される[2]ということが繰り返されているように思えます。これはもしかしたら、利用者である私たちの、プライバシーへの無関心が引き起こした結果といえるかもしれません。

　欧州ではこの状況を打破すべく、「個人情報は個人のものである」ということを取り決めるGDPR（EU一般データ保護規則）が施行されました。日本では個人情報保護法がありますが、利用者の意識向上なくしては、状況の改善は見込めません。

　Googleマップのタイムラインのように、個人情報はうまく活用すれば便利なものです。しかし、それを知らぬうちに悪用されないようにするためには、利用者自身がウォッチしていく必要があるでしょう。

※2：改正個人情報保護法では、個人情報を第三者へ提供する場合の条件が緩和され、オプトアウト（個人情報の第三者への提供を本人の求めに応じて停止すること）の手続きさえ案内しておけば、本人の同意を得ずに提供できることになりました。ただし、トレーサビリティ（誰に提供したか、誰から提供されたか）の確保は義務づけられており、開示請求が可能です。

第4章

企業の
情報セキュリティ対策

もし、あなたが小さな会社の経営者だとしたら、情報セキュリティ対策は必須です。あなたが経営者ではなく従業員であれば、なおさら情報セキュリティ対策を「自分事」として考えなくてはいけません。第4章では「企業」という視点で、企業規模・業種、そして役職を問わず、すべての社会人が押さえておくべき情報セキュリティ対策の基礎を学んでいきましょう。

本当にあった サイバー犯罪事件簿

「特別な情報」だけが狙われるとは限らない

　企業のセキュリティというと、とかく従業員は「会社がやってくれるから私は無関係」、経営者は「ウチみたいな小さなところ、狙ったところでなんにもならないよ」と考えがち。でも、もはや"特別な情報"がなくても、インターネットを使ってる限りは攻撃の対象になり、かつ"お金になる"のです。

　2018年、アメリカの病院が相次いでランサムウェアの攻撃に遭いました。企業を狙うランサムウェア攻撃は、ターゲットとなる組織を狙い定めて実行されるいわば「標的型攻撃」も増えています。攻撃者は「信用第一」といわんばかりに、お金を払えばデータやシステムを確実に戻せるとアピールし、前もってバックアップデータを破壊してからランサムウェアに感染させる、用意周到な手口を使ってきます。「情報を盗み出す」わけではないため、重要な情報が存在しているかどうかなどおかまいなし。こういった攻撃であれば、日本のどんな企業も「他人事」ではないはずです。

締め切りが過ぎてる！！
原稿がランサムウェアで
暗号化されたことにして
ごまかせないかな……。

Q22

ウチみたいな小さい会社の情報、誰が狙うの？

ニュースで話題になる「標的型攻撃」や「情報漏えい事件」。
高度な技術を用いて、驚くような手法で侵入する……といっても、
ウチの会社には狙うような情報もないし、大丈夫だよね？

1 大丈夫、大丈夫。ウチみたいな弱小企業の情報、盗んでもお金にならないもん

2 「標的」になるのは大企業。ウチは標的にならないから、標的型攻撃にならないよ

3 もしかして、誰でも狙われる可能性があるとか……？

もしかして、誰でも狙われる可能性があるとか……？

会社の規模や知名度にかかわらず、サイバー犯罪者は「攻撃できるすべての企業」を対象にします。

1

大丈夫、大丈夫。ウチみたいな弱小企業の情報、盗んでもお金にならないもん

情報が直接お金にはならないとしても、あなたの会社の「つながり」が狙われるかもしれません。

2

「標的」になるのは大企業。ウチは標的にならないから、標的型攻撃にならないよ。

標的型攻撃で狙われるのは確かに大企業が多いのですが、それ以外の攻撃はあなたの会社も無関係ではありません。

Q22

ウチみたいな小さい会社の情報、誰が狙うの？

狙う理由は「そこに攻撃対象があるから」程度

　よく「ウチみたいな弱小企業を狙っても何もいいことないし、取られて困るような企業秘密も持ってない。だから大丈夫」と勘違いしている方がいます。しかし、サイバー犯罪者の立場で考えると、それが大きな間違いだとわかります。

　特定の企業しか持っていない、特定の情報のみを狙った場合は「標的型攻撃」と呼ばれるスタイルで、高度でオリジナルなマルウェアを作成し、サイバー攻撃を行います。そのような意図があれば別ですが、多くのサイバー犯罪者はそこまで高尚な意図はなく、単純に「攻撃できるところを攻撃する」のです。

　サイバー犯罪はプログラムによって攻撃を行いますので、同じことを繰り返すのは得意です。そうなると、攻撃できるところを見つけたら、同じ方法で数十、数百、数万の攻撃対象を自動で攻撃します。そのなかに、あなたの企業が入っていないとは言い切れません。インターネット上に公開したサーバーがあれば、あなたの会社も立派な攻撃対象。ならば、対策をしないと狙われてしまいますよ。

中小企業だからこそ効く、サイバー攻撃への有効な対策

「ウチみたいな中小企業、狙われるような情報なんて持ってないよ」というのは間違い。あなたの会社が"流れ弾"に当たってしまったら、中小企業だからこそ危ないのです。

中小企業だからこそ危ないサイバー攻撃の実態

日本において、中小企業は約380万社[※1]あるといわれています。その多くは情報システム部などなく、PCに詳しい人が「一人情報システム部」となっているでしょう。そしておそらく、その方も経営者も「ウチみたいなところを狙うサイバー犯罪者もいないし、狙われたとしてもたいした情報はない」と考えているのではないでしょうか。これは残念ながら間違った認識です。

簡単な反証をしてみましょう。あなたの企業に従業員がいたならば、その従業員の名簿は立派な狙いどころです。さらに、マイナンバーを保持しているなら、番号法にもとづいて個人識別符号とし、個人情報保護法に沿った保護を行う必要があります。これを盗まれてしまえば大問題になります。

それだけではありません。「企業版オレオレ詐欺」ともいえる「ビジネスメール詐欺」があなたの会社を襲ったとき、取引先への入金を奪われたとしたら、たった1社への入金分だったとしても、ビジネス上は大きな痛手になるでしょう。これはむしろ、中小企業のほうが影響は大きいわけです。

さらに、万が一あなたの企業が情報漏えいを起こした場合、大手の取引先はそれをリスクととらえ、取引が打ち切られる可能性も考えられます。セキュリティ対策を怠ったことでサプライチェーンからはじき出されてしまう可能性を考えたら、中小企業だから狙われない、対策しなくていいなどと安穏とはできません。

※1：中小企業庁：中小企業・小規模事業者の数等（2014年7月時点）の集計結果を公表します
http://www.chusho.meti.go.jp/koukai/chousa/chu_kigyocnt/2016/160129chukigyocnt.html

一方で、実は中小企業だからこそ有効な対策手法がたくさんあります。まずは基本的なマルウェア対策、バックアップなどはきっちり行うこととして、それ以外にやるべき「効く」対策をお教えしましょう。

「資産管理」をきっちりやろう

　まずはITの資産管理を考えましょう。ここでいう資産管理とは、PCが何台ある、サーバーがどこにあるなどのレベルよりももうちょっと深く、PCがどこにあり、誰が使い、どのようなソフトがインストールされ、そのバージョンはいくつなのか？というところまで把握できる、セキュリティ面での資産管理ができるものが望ましいです **図1** 。

　このようなレベルで資産管理が行えると、何らかの脆弱性が発見されたときに、影響のある端末がどこにあり、誰が使っているかを把握できるというのがポイントです。特に2017年に話題になったランサムウェア「WannaCry」（→P37）は、実際にはセキュリティアップデートが適用できていれば被害に遭わずに済みました。このようなランサムウェア／マルウェアが発生したと知ったときに、どの端末にアップデートをすべきなのかを把握できていることが重要です。企業によっては、現実的にOSやミドルウェアのアップデートが不可能というケースもあり得ます。その場合は対策を別途検討する必要がありますが、資産管理ができていないことにはアップデート以外の対策も練りようがありません。

図1 IT資産管理を行うサービスと開発ベンダー

サービス名／製品名	開発ベンダー	URL
LanScope Cat	エムオーテックス	https://www.lanscope.jp/cat/product/asset/
Vulnerability & Patch Management	カスペルスキー	https://www.kaspersky.co.jp/small-to-medium-business-security/systems-management
SKYSEA Client View	Sky（スカイ）	https://www.skyseaclientview.net/column/itshisan/

Webサイトを持ってるならば必須の「改ざん検知」

　特にWebサイトを使って注文を受けるようなECサイトを運営していたり、情報発信を行うような企業ならば「改ざん検知」の仕組みは必ず入れておきたいものです。

　これは、Webサイトの変更や修正が行われたときに検知し、それが不正なものであれば警告したり、自動で修復するような仕組みを提供したりするものです。悪意ある改ざんだけでなく、コンテンツの更新ルールを社内で徹底することも可能であるため、万が一の内部不正も検知できる可能性があります。

　中小企業のなかにはクレジットカード決済を外部に委託し、サービスを提供するような企業も多いでしょう。この場合自社内にクレジットカード情報を持たないため、安全のように見えます。しかしWebサイト自体が脆弱であったために、不正にコンテンツを埋め込むことでクレジットカード番号入力のためのページを乗っ取り、結果として情報漏えいに加担してしまう被害も実際に起きています。もしあなたの会社がWebサイト上で個人情報を収集したり、決済情報を取り扱う場合、自社がそのデータを持つ・持たないに関わらず、改ざん検知・変更検知の仕組みを取り入れるべきです。

まずは「気がつける」ことを目指す

　資産管理と改ざん検知・変更検知、この2つの仕組みとも特に中小企業に効くものだと考えます。双方とも企業内システムの状況を可視化し、何かが起きたことを検知できるというもの。この「気がつける」ということこそが、常に監視する人がいない中小企業にとってありがたい機能だといえるのです。

　そのほかにも、「常に見ていなくてもよく、何かが起きたら知らせてくれる」という仕組みは積極的に調べ、良さそうであれば導入を試してみることをお勧めします。一人情シスに効く仕組み、意外とたくさんあるはずです。

「標的型攻撃じゃない攻撃」に備えよ

　企業がサイバー攻撃から身を守るためにできることはたくさんあります。防御策の基本を学び、対策をしっかり打っていくことが重要です。

　まず、考えなくてはならないのは、特定の企業を狙うのではなく、手当たり次第に行うタイプの攻撃です。このいわば「標的型攻撃ではない攻撃」の特徴は、1つの攻撃で多くのサーバーへ「刺さる」ことを目標としていますので、実はさほど高度な攻撃ではない場合が一般的です。

　高度ではない攻撃とはどのようなものでしょう。サイバー攻撃と聞くと、映画などで描かれる、高いスキルを持ったハッカーがPCのディスプレイに向かってキーボードでひたすら何かを入力しているようなイメージが浮かびます。でも、攻撃対象を広く取った場合、いちいちそんな手間をかけていては時間の無駄です。ハッカーにしてみると、できればパッと、攻撃を完了したいところなのです。

まずは「アップデート」が対策になる

　標的型攻撃ではない攻撃では、ある意味ありきたりな攻撃方法をとります。ありきたりとは「すでにあきらかになっている脆弱性」を使うということ。「あきらかになっている脆弱性」ならば、すでに修正プログラムが公開されていて、それさえ適用すれば守れるものなのです（その時点では公開されていなくても、時間が経過すれば公開されます）。

　ところが、私たち（特に企業において）は、テストができない、よくわからず不安などの理由で、なかなか修正プログラムを適用しない場合も多いのが実情。高度ではない攻撃、標的型攻撃ではない攻撃では、その隙を突いてありきたりな攻撃が行われ、成功してしまうのが大きな問題です。

　よって、まずは何より「最新のOSにアップグレードし、公開されている修正プログラムを適用する」ことが、企業における重要な対策になるのです。

Q23

「ビジネスメール詐欺」って知ってる？対策はできてる？

2017年末に話題になった「ビジネスメール詐欺」という言葉、
あなたは耳に覚えありますか？　企業を狙う古くて新しい攻撃に、
あなたの会社は対応できているでしょうか？

1 対策が思いつかない……！
まずは情報収集から
始めます

3 うん、とにかく
気をつければいい！
社長直々、全員に
気合い入れだ！！

2 「ビジネスメール詐欺
対策ソフト」が何とか
守ってくれるんでしょ？

1

対策が思いつかない……！まずは情報収集から始めます

ビジネスメール詐欺に有効なのは「情報」。一体どんな手口で行われるのか、知ることが対策の第1歩です。

2

「ビジネスメール詐欺対策ソフト」が何とか守ってくれるんでしょ？

「このソフトを入れれば、ビジネスメール詐欺対策はバッチリ！」なんてのがあれば、それこそが詐欺かも…。

3

うん、とにかく気をつければいい！ 社長直々、全員に気合い入れだ！！

残念ながら、この手口は「気をつけて」いてもやられてしまう可能性があるほど、狡猾で巧妙です。

日本航空すらだまされた「ビジネスメール詐欺」って？

ビジネスメール詐欺とは、日本でも2017年末に日本航空が被害に遭ったことがあかるみになるなど、昨今話題になっているサイバー犯罪です。いわば企業版「オレオレサイバー詐欺」と呼べるような手法で行われます。

オレオレ詐欺（振り込め詐欺）は、家族や親戚を装って「困ったことが起きたから、いまから言う口座にお金を振り込んで」とだますものです。これを企業に置き換えると「取引先の○○です。急きょ振込先の銀行口座が変更になりましたので、急いで△△△に今月の請求分を変更してもらえませんか？」というように、企業向けにアレンジしたものだと思ってください。

……この話だけを聞くと、なぜだまされるのかわからないかもしれません。しかし、ビジネスメール詐欺はこんなに単純な方法ではなく、思わず信じてしまうようなテクニックや事前に集めた情報をフル活用し、怪しまれないように工夫してきます。次ページ以降で手口の詳細を知るとともに、対策を考えていきましょう。

もっと
深く知る！

被害実例に学ぶ
ビジネスメール詐欺の手口

一聞するとオレオレ詐欺のような「ビジネスメール詐欺」。なぜ、有名な大企業が被害に遭ってしまったのでしょうか？　狡猾で用意周到な手口を詳しく説明します。

😺 長期間の準備段階を経て実行される

　2017年12月、とんでもない見出しが新聞を賑わせました。あの日本航空が「ビジネスメール詐欺」に遭い、計3億8,000万円もの金額をだまし取られたことがあきらかになったのです。この事件は海外では実被害も多かったビジネスメール詐欺の手口が、日本でも本格的にあかるみに出るきっかけとなりました。日本航空を対象としたビジネスメール詐欺は、何も突然実行されたわけではありません。サイバー犯罪者は虎視眈々（たんたん）と、チャンスをうかがっていたのです。

　ビジネスメール詐欺では、年単位でメールの内容を盗聴したり、企業内部の組織図をきっちり把握したりして、お金の流れすら理解するなどの準備段階があります。そして、金銭が動くそのタイミングを狙い、詐欺を仕掛けてくるのが特徴です。

　日本航空をはじめ、日本国内でも名立たる大企業がビジネスメール詐欺の被害に遭ったり、攻撃を検知したりしています。大企業ですらだまされるのならば、気をつけても無駄かもしれない……と思う方もいらっしゃるでしょう。しかし、対策方法はあります。残念ながらまだ「ビジネスメール詐欺対策ソフト」などは存在しませんが、組織力と情報共有力があれば怖くありません。

実録：ビジネスメール詐欺のやり取り

　情報処理推進機構（IPA）は、日本国内で行われたビジネスメール詐欺の攻撃メールのやり取りを公開しています 図1 。その内容を見ると、「機密扱いでの相談事項があり、本日時間があるか返信がほしい」というメールをきっかけに、「金融庁との取り決めにより、やり取りはすべてメールで行う」とそれらしい理由をつけ、かつメールの末尾には弁護士からのメールを転送、引用したかのように細工していたことがあきらかになっています。

　メールの返信応答も約10分程度で行われているだけでなく、書かれている文面も日本語で不自然さはなく、場合によっては担当者の名前や役職も正しいものであるため、これをひと目で詐欺だと見抜くことはまず不可能でしょう。

　ビジネスメール詐欺の問題は、担当者一人が注意しても被害を防ぐことが難しい点です。一人がダメなら「組織」で守る──。実はビジネスメール詐欺対策は、企業におけるセキュリティ総合格闘技のようなもの。組織力と総合力で防いでいく必要があるのです。

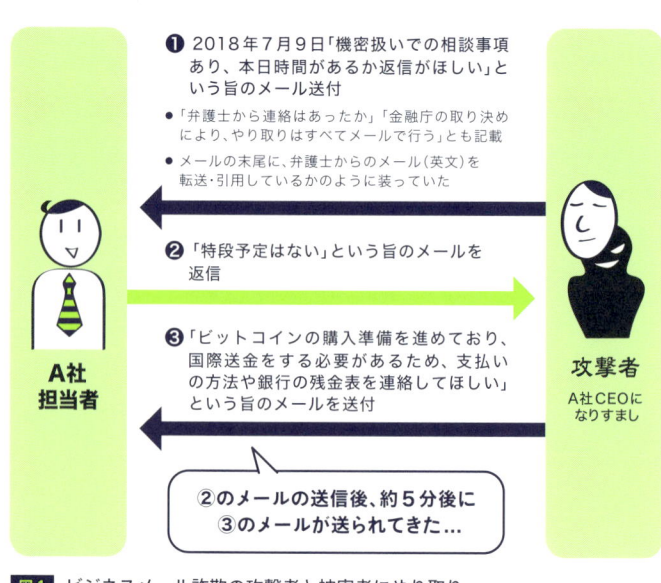

❶ 2018年7月9日「機密扱いでの相談事項あり、本日時間があるか返信がほしい」という旨のメール送付

● 「弁護士から連絡はあったか」「金融庁の取り決めにより、やり取りはすべてメールで行う」とも記載

● メールの末尾に、弁護士からのメール（英文）を転送・引用しているかのように装っていた

❷ 「特段予定はない」という旨のメールを返信

❸ 「ビットコインの購入準備を進めており、国際送金をする必要があるため、支払いの方法や銀行の残金表を連絡してほしい」という旨のメールを送付

A社担当者

攻撃者
A社CEOになりすまし

②のメールの送信後、約5分後に③のメールが送られてきた…

図1 ビジネスメール詐欺の攻撃者と被害者にやり取り

出典：ビジネスメール詐欺「BEC」に関する事例と注意喚起（続報）レポート（IPA）
https://www.ipa.go.jp/files/000068781.pdf

ビジネスメール詐欺対策は
企業の「セキュリティ総合格闘技」

ビジネスメール詐欺はセキュリティ対策ソフトを導入すれば解決できるという問題ではありません。各種対策の運用ルールや情報の蓄積、そして組織内にいる人々の「意識」が試されます。

　ビジネスメール詐欺は、あなたの企業の情報を調べ上げ、組織や担当者名、その業務を把握し、定期的に行われる金銭振り込みを狙い、そのすべてを奪うという攻撃です。担当者レベルでの防御は難しく、万が一事件が発生したとしても「誰かのせい」にすればいいというものではありません。そのため、この対策は「全員」が考える必要があります。

　もっとも大事なことは、「ビジネスメール詐欺の手口を知る」こと。お金の流れ、入出金を直接担当する経理部や経営陣はもちろん、お金の動きとは無関係に思える一般社員も例外ではありません。

🐱 もし「おかしい！」と感じたら

　ビジネスメール詐欺は、必ず「普段とは異なること」がきっかけとなり、事件が進行します。重要なことは、その「普段とは異なること」を察知したときに見過ごさず、全員でそのことを共有することです。そうすれば、誰かがピン！と来るはずなのです。

　イレギュラーな指示があったときに「ビジネスメール詐欺かも？」というセンサーが働けば、しかるべきところに確認できるはず。例えば、送金依頼など金銭が絡むイレギュラーな指示がメールであった場合は、送信者にメール返信ではなく必ず電話や対面で確認するなど、あらかじめ誰にどのような方法で確認すべきかマニュアル化しておくことも重要です。特にお金に関係する部署の従業員は、社長や役員など職位の高い人が直接口頭で急ぎの指示をしたとしても、ビジネスメール詐欺対策の名目で粛々とある

べきフローによる確認を、落ち着いてこなすべきなのです **図1** 。

　また、一般社員も例外ではありません。なぜビジネスメール詐欺の攻撃者が社内の組織を把握できているのかというと、あらかじめ一般社員に迷惑メールに載せたマルウェアを感染させ、情報を盗み出しているからです。そのため、一般社員は情報システム部が指示する「ソフトウェアのアップデート」「マルウェア対策」をきっちり行うことが、ビジネスメール詐欺への対策として大切なのです。

　企業内の誰かが「これ、もしかしたら…」と気がつければ、ビジネスメール詐欺対策はできるはず。まずは、全員が「セキュリティ総合格闘技」のプレイヤーだと認識することから対策は始まります。

🐱 「100％クロ」の判断が難しいときには

　全員がプレイヤーであるためには、事前にしっかり決めるべきことがあります。それは「おかしいな？と思ったら報告する」という体制を作ることです。つまり、何かあったときに連絡する窓口や経路を決めておき、気軽に報告できるようにしておくこと。これはビジネスメール詐欺対策だけでなく、あらゆるセキュリティ対策に通じます。

　多くのセキュリティ対策は、実はこういう「平時にできること」をしっかりしていることが明暗を分けます。あなたの企業では、そんな窓口がありますか？　もしなければすぐに作るよう、経営陣に進言しましょう。

少しでもおかしいと感じたら、報告する！

経営者など	攻撃者	従業員
		（財務担当など）

調査　なりすましなど　なんか変だな…

図1 経営者からのイレギュラーな指示があったら…

Q24

予算の限られる会社は、どんなセキュリティ対策をとればいいの？

日本を支えるのは多くの中小規模の企業です。
予算や人手が限られる中小企業には、
いったいどんなセキュリティソリューションが効果的なのでしょう？

1 コスト！コスト！コスト重視！
とにかく安いものを入れていこう

3 企業の規模を問わず、
攻撃の対象になるよ。
大企業と同じのを
買わなきゃ！

2 コストの高低にかかわらず、
経営者が大事と思うものから
守るべきなのでは？

2 コストの高低にかかわらず、経営者が大事と思うものから守るべきなのでは？

企業にとって「守りたいもの」を定義し、それを実現できるソリューションこそがコストをかけて導入すべきもの！

1 コスト！コスト！コスト重視！とにかく安いものを入れていこう

対策に安い・高いはありませんが、不相応にコストのかかるソリューションを入れてもあまり意味はないでしょう。

3 企業の規模を問わず、攻撃の対象になるよ。大企業と同じのを買わなきゃ！

サイバー攻撃は企業規模にかかわらず行われると考えましょう。でも、大企業ほど対策に力を入れられないのは事実。

まずは「守りたいもの」の定義から始める

　中小企業をターゲットにしたセキュリティソリューションは高コストから低コストのものまでたくさんあります。ソリューションを選ぶ際に決して「大企業が導入しているから」といった理由だけで選択したり、機能を類似製品とマルバツで比較してある表で○が多いものから選んだりしようと考えてはいけません。

　日本には多くの中小企業が存在します。1社1社には個性があり、それぞれの強みがあるからこそ、日本の社会は成り立っています。ということは、「守るべきもの」も各社で別と考えるべきでしょう。顧客の情報こそがビジネスの中心かもしれませんし、レシピと呼ばれる工場ラインでの原料配合比率などこそが企業秘密であるかもしれません。それらに対して、一辺倒のセキュリティソリューションを適用していては、抜けや漏れが発生するのは当たり前です。

　無駄なコストをかけられない中小企業は、セキュリティソリューションを選定する前に、まず「自分たちが守りたいものは何か」の定義から始めましょう。

中小企業のセキュリティ対策 —すべきこと・してはいけないこと

数多あるセキュリティソリューションのなかで、中小企業こそ注目すべき
ソリューションがいくつかあります。それらの概要と導入を検討する際の
心構えを学んでみましょう。

🐱 中小企業に効くソリューション

セキュリティソリューションを検討・選定する前に、まずは「（うちの会社では）何を守るべきか」を決めることを心がけてください。そこがクリアできれば守り方は自明になります。守りたいものを一番知っているのは、企業の「経営者」。もしシステム管理者の方が経営者から「ウチのセキュリティは大丈夫なのか？」と問われたら、ソリューションを選ぶ前に「まず何を守りますか？」とコミュニケーションを取ることから始めましょう。

中小企業に向けたセキュリティソリューションはたくさん登場してきました。とはいえ、「何でもできる」「入れたら安全」というものではないことを留意してください。

ここからは、多くの中小企業に効くであろうソリューションからチェックしていきます。

● 「無線LAN」ソリューション

まずは家庭でも普及が進んでいる「無線LAN」。従業員にとってのメリットも多く、ぜひ導入すべきソリューションです。しかし、家電量販店で「家庭用無線LAN」を買ってくるのはおすすめしません。家庭用は通常、SSIDに1つのパスワードで接続するので、企業でこれを使うと、退職者もパスワードを知っていますので、悪意ある退職者がいれば簡単に情報漏えいが行えてしまいます。

企業向け無線LANソリューションでは、従業員ごとに接続のための証明

書を発行できますので、より厳密な管理が行えます。その1点だけ考えても、従業員が少数であってもきちんとした「法人向け」を使用してください。

● メールの誤送信対策は「クラウド」を活用

「メール誤送信対策」も中小企業向けには必須です。とはいえ、メール誤送信対策のソリューションを導入するのは少々「今さら感」があります。多くの中小企業はすでにメールサービス自体をOffice 365やG Suiteなど、外部のサービスを利用していると思いますので、それらのサービスといっしょに使える「クラウドストレージ」を活用するようにしましょう。

メール誤送信、特に「添付ファイル」に関しての対策はとても重要です。万が一、外に出してはいけない情報を添付ファイルの形で送信すると取り返しがつきません。しかし、クラウドストレージサービスを併用することで、ファイルを添付するのではなく「クラウド上でファイルを共有する」仕組みを使うことができます。これならば誤送信したとしても、ファイルの共有権限がなければ情報が漏えいしないで済みます。さらに、万が一共有権限があったとしても、誰が情報を閲覧したのか、クラウドサービス上で監視が可能です。

クラウドは怖いという漠然とした印象を持っているかもしれませんが、クラウドだからこそ履歴管理や閲覧ログのチェックが可能です（→P63）。この仕組みはすでにメールサービスをアウトソースしていた場合、そのサービス内で追加費用なく利用ができるものもあります。

●「オンラインバンキング対策」は専用PCを用意する

あなたの会社がオンラインバンキングを利用している場合、いますぐ「PCを分ける」ことをしてください。オンラインバンキングを狙ったサイバー攻撃は手の込んだものが多く、通常のOA業務を行う（メールのやり取りを行い、Webサイトを閲覧する）PCでは攻撃の対象になる可能性があります。

そのため、銀行からインターネットバンキングの電子証明書を使って接続する端末は通常のものではなく、切り離されたPCを専用機として用意することを強くおすすめします。できれば社内ネットワークからも切り離す

くらいがいいでしょう[1]。

　ただし、現在ではさらに巧妙に「人」をだまそうとするビジネスメール詐欺もあります（→P143）。人がだまされてしまい、振込み先を人の手で変えられてしまっては意味がありません。専用のPCを用意しつつ、取引先との振込みのプロセス自体もしっかり守る必要があります。

🐱 「WAF」で修正プログラムを適用するまでの時間を稼ぐ

　なかにはWebサイトやWebサービスを運営し、そのサイト自体がビジネスの中心になっている企業も多いでしょう。ECサイトを運営しているのであれば、そのサーバーが止まった時間、売上が上がらないわけですから、サーバーを守ることが重要になります。

　そのためにまず、「WAF」を設置することをお勧めします。WAF（Web Application Firewall）とは、Webサイトやシステムの脆弱性を攻撃する通信をシャットアウトする"防火壁"のこと。Webサイトへの攻撃は、特定のプログラムやプラグインを利用しているサイトを無差別に狙ってきますので、脆弱性や攻撃手法があきらかになったら、サイトやシステムをすぐに守る必要があります。

　ほとんどの場合、修正プログラムを適用するためには数日〜数週間の時間が必要ですので、それまでの間、WAFによる防御が必要になります。現在ではWAFも機器を設置することなく外部のサービスを活用することが可能になりましたので、攻撃の有無や状況を常に監視・把握してくれる、技術力のあるパートナーを探してみてください。

※1 参考：2014年8月の呼びかけ (IPA 独立行政法人 情報処理推進機構)
　　https://www.ipa.go.jp/security/txt/2014/08outline.html

重要な「目」となる改ざん検知

　さらに、いま注目すべきは「改ざん検知」です。Webサイトに侵入し、あなたのサイトをこっそりと変更しようとする攻撃がたくさんやってきます。しかし、多くの中小企業は専門のスタッフがいるわけではなく、監視の目が行き届いていないため、その攻撃に気づくことはできないでしょう。そこで、「改ざん検知」が役に立ちます。

　改ざん検知とは、厳密には「変更管理」を行うツールです。公開されたWebサイトや社内の重要な書類など、何かが変更されたときに通知してくれるもの。サイバー犯罪者がWebサイトにマルウェアを置いたり、ダウンロードリンクを入れたり、さらには不正なマイニング処理を置いた場合に、「変更」が加わったと通知してくれるわけです **図1** 。

　特にクレジットカード決済を行うECサイトには、改ざん検知は必須です。最近ではクレジットカード決済をアウトソースする仕組みもあり、クレジットカード番号を入力するページを自社に持っていない場合もあります。しかし、サイバー犯罪者がクレジットカード番号を入力する偽のページを用意し、あなたのサイトを改ざんし、その偽のサイトにリンクさせた場合、あなたのサイトの問題が「クレジットカード番号漏えい」のきっかけになってしまうのです。そのため、決済機能をアウトソースしているWebサイトでも、改ざん検知の導入は重要なのです。

図1 主な改ざん検知サービスと開発ベンダー

サービス名	開発ベンダー	URL
攻撃遮断くん	サイバーセキュリティクラウド	https://www.shadan-kun.com
Tripwire	トリップワイヤ・ジャパン	https://www.tripwire.co.jp
WebARGUS	デジタル・インフォメーション・テクノロジー	https://www.webargus.com

中小企業がやるべきでないこと

　最後に、中小企業がよくやってしまいがちなセキュリティソリューションの導入を考えてみましょう。よくあるのは「大企業がやっているから、大企業が効果があったから」ソリューションを導入する、というものです。

　よくあるのが「セキュリティ訓練」。もちろん、ちゃんと「訓練」の意味をわかってやる分には問題はありませんが、訓練を実施する意図が伝わらないと、かけたコストほど効果が期待できないものになってしまいます。

　例えば、次のような話があります。マルウェアが添付されたメールに気がつくための訓練では、「開けた」「開けない」「クリックした」というのが最終的な数値となってあきらかになるでしょう。しかし、この数字が高い、低いだけで判断してはいけません。もしこの開封率が0.01％だったとして、開封したのが「社長」だったとしたら、その攻撃は成功したも同然でしょう。社長をだます下地ができてしまったのですから。

　むしろ中小企業ならば、「声を掛け合う」がもっとも正しいソリューションになりえるかもしれません。訓練を外部に委託するまでもなく、お互いが信頼し、助け合うことでできることも多いわけです。

　その意味で、訓練だけでなく「思想なきソリューションの導入」こそが、中小企業のもっともやってはならないことといえます。

狙いは「誰も悪者にしないこと」

　もう1つ、導入に際して考えたいことは「従業員を悪者にしない」だと、筆者は考えます。中小企業は経営者が目の届く範囲も適正で、家族同然の仲間ととらえている企業も多いでしょう。これこそが日本の中小企業の「美しさ」ともいえます。

　ですから、サイバー攻撃を受けたり、内部犯罪が起きたりしたときに、従業員を疑うことは、企業の経営者にとって断腸の思いであるでしょう。そのため、何か攻撃を受けたときに従業員に判断させるのではなく、システムによって「従業員を守れるか」という視点がポイントになります。「マ

ルウェアかもしれないからクリックするな」ではなく、「クリックしたとしてもカバーできる仕組み」を、ITやシステムで実現すればいいのです。

また、内部不正に関しても、たいていの場合は「出来心の連続」です。本来見えてはいけないような機密書類にアクセスできることがわかってしまったら、もしかしたらその人は次にコピーしてみてしまうかもしれません。コピーできたのに誰も指摘してこなかったら、次はそれを悪用しようと思ってしまうかもしれません。内部不正を防ぐには、こういったちょっとした出来心の連続を、どこかで止める必要があります。それが実現できるソリューションを選べばいいのです。

たくさんあるセキュリティソリューション、何を導入したらいいのかわからないという場合、まずは「何を守るか」を定義すること。そして「従業員が悪者にならないためには」ということを考えると、従業員を含め企業全体が幸せになれるのではないかと筆者は考えています。

ご注意
ください…

サイバー攻撃や情報漏えいの被害に遭う可能性は、
どの企業にもあります……。
セキュリティ対策の責任を「誰か一人」に
押しつけるのではなく、
みんなが幸せになる仕組みやソリューションを
考えてみましょう。

Q25

ウイルス対策ソフトは、どうやってPCをウイルスから守ってるの？

みんなが当たり前のように入れているウイルス対策ソフトですが、実は最近大きく変化しています。これまで常識だったことも、いまではちょっと違ってきているかもしれません。

1 "パターンファイル"ってやつを更新すれば、防御できるんだろ？

2 ウイルス駆除のためには必須だよね。それくらい常識だよ

3 最近はウイルス対策だけじゃ守れないって聞いたよ

最近はウイルス対策だけじゃ守れないって聞いたよ

実は「ウイルス対策ソフト」という言葉自体が死語になりつつあり……。

1

"パターンファイル"ってやつを更新すれば、防御できるんだろ？

コンピューターウイルスは日々35万件[1]の新種、亜種が登場しています。パターンで判断するには時間が足らなすぎます。

2

ウイルス駆除のためには必須だよね。それくらい常識だよ

実は最近のコンピューターウイルスは駆除がとても難しく、安全を期すならば「初期化」くらいしか手がありません。

「コンピューターウイルス」対策の最前線では

必携といえるウイルス対策ソフトにも大きな変化が訪れています。きっかけは2014年、ほかならぬウイルス対策ソフトを販売していたシマンテック社の幹部が発言した「ウイルス対策ソフトは死んだ」というコメント。ウイルス対策ソフトを販売している企業がそんなことを言うなんて、と驚くかもしれませんが、このコメントは同業他社やセキュリティ関係者にも「よくぞ言ってくれた」と称賛されました。この発言をかみ砕くと、「パターンファイルとの照合を行うことでウイルスかどうかを判断するという仕組みは死んだ」となります[1]。

件の発言を行ったシマンテックなどは現在、ウイルス対策ソフト改め「セキュリティ対策ソフト」を開発・販売しています。これはパターンマッチングによる判定だけでなく、AIや機械学習、振る舞い検知など、これまでとは異なる技術をつぎ込んで、新しい方法でコンピューターウイルス改め「マルウェア」を検知、防御する仕組みを提供しているのです。

※1：アンチウィルステストを行う独立機関 AV-TEST による調査「SECURITY REPORT 2016/17」より
　　https://the01.jp/p0005584/

セキュリティ対策ソフトの最新事情 ——マルウェアの判別方法

「セキュリティ対策ソフト」が単なるパターンマッチングではないなら、どうやってマルウェアを判定しているのでしょう？　そこには、最新の技術がいっぱい取り入れられています。

「指名手配写真」があれば完ぺき？

　これまでのウイルス対策ソフトは、例えて言えば「指名手配写真」を使い、犯人を特定するという作業を行っていました。人相書きをもとに、PCやネットワークのなかにいる人物が、善人か悪人かを判断するという手法でした。指名手配写真にあたるものが毎日アップデートされるパターンファイル（ウイルス定義ファイル）というわけです 図1 。

　ところが、この方法には致命的な欠点がいくつかあります。まず、その犯人が一度は目撃されていなければ指名手配写真を作れないということ。つまり、少なくとも一度は被害が起こり得るということです。

　さらに問題は、指名手配写真によるチェックがあるとわかっていれば、犯人もその対策を講じてくるという点です。例えば「変装」。指名手配写真と少しでも異なるように、ヒゲをつけたりサングラスをつけたり……これ

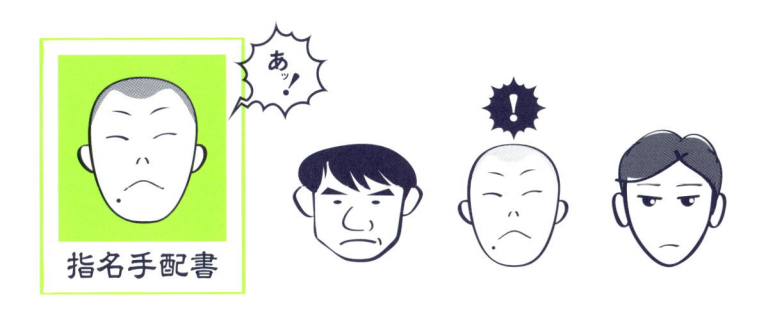

指名手配書

図1 パターンファイルを使ったウイルス検知の仕組み

だけで写真と変化が出ますので、まんまと逃げおおせることができてしまいます 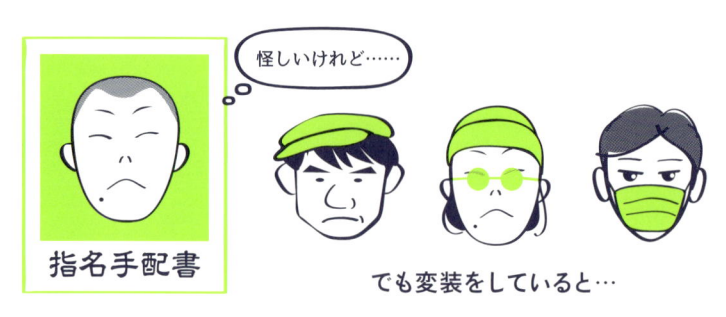 。

　例えば、「同じ人物がはっきりしなくても似た顔なら捕まえる」と、適用条件を若干緩めにした場合、正しいプログラムを捕まえて止めてしまうということもあり得ます。このような誤判定をしてしまうと、セキュリティがビジネスの足を引っ張ってしまいますね。こうした状況を指して、ウイルス対策ソフトは「死んだ」と判断されているのです[1]。

パターンに頼らないでマルウェアを判定するには

　では、どのような方法であればマルウェアを「パターンに寄らず」いきなり判定ができるのでしょうか。ここからがセキュリティ対策ソフトベンダーの腕の見せ所です。

　昨今これまでのセキュリティ対策ソフトとは少々異なることをアピールするアンチウイルスソフトが登場してきました。「次世代アンチウイルス」（NGAV：Next-Generation Anti-Virus）などと呼ばれるものです。これまで当たり前だった「パターンファイルの配布」や、急いでいるときに限って行われる「定期スキャン」がなく、より軽く、より高い検知率を掲げています。

怪しいけれど……

指名手配書

でも変装をしていると…

図2 コンピューターウイルスと判別されないよう敵も策を講じてくる
ウイルスと判別されないよう敵も策を講じてくる

※1：「ウイルス対策ソフトは死んだ」発言の真意は？（ITmedia エンタープライズ）
http://www.itmedia.co.jp/enterprise/articles/1405/14/news157.html

NGAVでは、AIを活用したマルウェア判定方法や「振る舞い検知」をフルに活用した仕組みで動いています。パターンファイルは持たず、マルウェア特有の挙動を検知するため、マルウェアが動作したタイミングで止める、つまり普段の定期スキャンは不要というのが主な特徴です。

　振る舞い検知という識別方法は、例えばOSの設定ファイルを書き換えたり重要なファイル群を操作したりといった、マルウェアだけが多用する命令や行動を監視し、マルウェアかどうかを判定するという仕組みです。

　また、最近ではMicrosoft OfficeやPDF閲覧プログラムなどの脆弱性を利用し、実行ファイルではなく単なる「.docx」や「.xlsx」、「.pdf」のような文書ファイルに細工がされるケースも多いです。この場合、実際に開いてみないとその挙動がわからず、マルウェアかどうかを判定しにくい場合もあります。「開かないとわからないならば、実際に開いてみればわかる」という発想で考えられているのが「サンドボックス」と呼ばれる手法です。これはPCのなかに"箱庭PC"を仮想的に作り出し、箱庭のなかで実際に開いてみて、挙動を確認するという方法です。箱庭のなかで感染してしまったとしても、自分のPCやサーバーには影響がありません。

　このほかにも、ベンダー各社は全世界の利用者と連携し、クラウドでつなげて攻撃の状況を情報共有したりと、これまでにはない防御策を実現しています。

ご注意 ください…

従来型のセキュリティ対策ソフトが
指名手配写真（パターンファイル）を使って、
犯人が建物に侵入する前に防ぐというもの。
「振る舞い検知」などのNGAVでは、
犯人がチェックを擦り抜けて侵入したとしても、
怪しい挙動をした時点で捕まえるというものです。

🐾 最新技術とパターンマッチングを組み合わせる

　ここで挙げたようなNGAVの製品は、セキュリティを理解している企業で導入が進んでおり、当初は従来型セキュリティ対策ソフトと併用して使っていたものの、契約が満了次第NGAVのみで守ると決断した企業も少なくないといいます。

　ただし、パターンマッチング以外の判定方法は「白か黒か」を断定するものではなく、リスク分析の結果をパーセンテージや5段階評価、色などで示します。一定の閾値を設定し、それを超えたリスクが発生した場合はアラートが出るようになりますが、標準値でのアラートをうるさがって閾値を下げたのでは意味がありません。また、実行するのは「検知」「リスク分析」の2つですから、パターンマッチングを使った方法とは違い、基本的には自動で止めたり排除したりといった「防御」はしないのが一般的な特徴でもあります。

　そのため、こうしたセキュリティシステムの運用にはリスク分析の結果を的確に捉え、危険と判断したものには実際に手動なりほかのツールなりで対処するといったスキルが必要になります。

　ですから、パターンマッチングがなくなったわけでなく、既知の攻撃から守るにはもっとも素早く対策が行える手法であることも事実です。最新のセキュリティ対策ソフトでは、これら複数の対策をバランスよく使い、安全を実現しているのです。

Q26

話題の「EDR」って、なんのこと？使えば安全になるの？

セキュリティベンダーと多くの企業が注目する「EDR」。
ところでEDRとは、一体全体何のことでしょう？
EDRで企業の情報セキュリティは安全性が高まるのでしょうか？

1
EDRは
「いつも・どりょくで・
レシーブだ！」の略。
安全は守れるよ！

2
「エンドポイント」で
脅威を見つけるらしいけど、
使い方を間違えなければ
よさそう？

3
どうせ、流行り言葉の
一つでしょ？
ダメダメ。ウチは
その波には乗らないよ！

2

「エンドポイント」で守る。使い方を間違えなければよさそう。

「エンドポイント」を有効活用して脅威を見つける、とても理にかなった方法ですが、導入にはいくつかの課題も。

1

EDRは「いつも・どりょくで・レシーブだ！」の略。

うまい冗談ではありますが、残念ながらEDRは「Endpoint Detection and Response」の略です。

3

どうせ、流行り言葉の一つでしょ？ダメダメ。

確かにEDRはいま現在の流行り言葉。5年後には誰も使っていない可能性もありますが……。

「EDR」が注目される背景

　本書を執筆している2018年12月現在、話題のキーワードといえば「EDR」が挙げられます。EDRという言葉の意味や本質にせまる前に、なぜいま注目されているのかを考えてみましょう。ウイルス対策ソフトはパターンマッチングに限界を迎え、それだけでは守れない、ということが徐々に浸透してきました。しかし、多くの人には1つの新たな疑問が浮かびます——「ならば、何なら守れるのか？」。この答えをセキュリティベンダーは提示してきています。それが「NGAV」と呼ばれるAIを活用した次世代ウイルス対策ソフトだったり、「サンドボックス」と呼ばれる疑似環境を使ったウイルス対策だったり、この「EDR」だったりするのです。

　EDRとは、PCなどのデバイスを指す「エンドポイント」で脅威を検知し、その結果を管理サーバーに集約、企業内でどのようなことが起きているのかを把握するためのツールです。しかし、決して「入れたら終わり」というものではありません。その理由を次ページ以降で学んでいきましょう。

セキュリティ対策に銀の弾はない
—「EDR」が指し示すもの

ウイルス対策ソフトの欠点を補い、情報セキュリティの安全性を高める「EDR」。しかし、このツールを導入すれば、イコール安全が守られるというわけではありません。

🐱 EDRが実現するもの

　いま、企業向けのセキュリティ対策として、多くのベンダーが「EDRが大事だ」と述べています。EDRとは「Endpoint Detection and Response（エンドポイントでの検出と対応）」の略で、ウイルス対策ソフトによる「感染させない」という守り方ではなく、「感染した後でも対応が可能」ということを実現するツールを指しています。

　EDRが行うのは、大まかに述べると「サイバー攻撃の検知」です。検知に関しては、経済産業省が発行した「サイバーセキュリティ経営ガイドラインVer2.0」の中でも、復旧体制の整備とともにトップダウンで行うことが推奨されています。

　検知ができなければ何の対処も行えませんので、検知に注力することは大変重要です。これまでのウイルス対策ソフトでは、パターンマッチングに限界が来ているわけですから、すり抜けて感染にいたる可能性があります。その場合、例えば特定の外部サーバーに通信を行ったり、普段とは異なる通信量が記録されたり、部内のほかのエンドポイントと通信するなど、感染後特有の挙動がエンドポイントで検知できれば、その後の対処が可能になるわけです。これを実現するものこそが、EDRと考えればよいでしょう（次ページ **図1** ）。

EDRの課題

しかし、企業のなかにいる管理者にとっては、「検知」すれば対策が完了するわけではありません。「見つけたあとのこと」を対処する必要があるからです。厳密には、EDRのなかに「見つけたあと」の対処が含まれない場合が多いのです。ですから筆者は、企業側には「見つけたあと」のことを考える、CSIRT（Computer Security Incident Response Team）組織やCISO（Chief Information Security Officer：最高情報セキュリティ責任者）が必須と考えています。

なかには、EDRの機能を提供するとともに、そのあとのことを考えたり、具体的に通信を止める機能を有する「セキュリティ・マネージド・サービス」（MSS）をセットで提供しているものもあります。これであれば、よりイメージに近い脅威対策になるかもしれません。しかし、このようなCSIRT機能をアウトソースするためには、自分たちがCSIRTを知っておく必要があります。何も知らずに外部に丸投げしても、うまくいくはずがありません。

こうしたツールを使いこなすための土壌がない企業に導入しても、うまく活用できないまま終わってしまいます。本当にEDRを成功させるためには、まず社内の人員を使い「小さくてもCSIRTを実現する」ことが重要です。そのためには、経営者自身がその重要性を理解する必要があるのです。

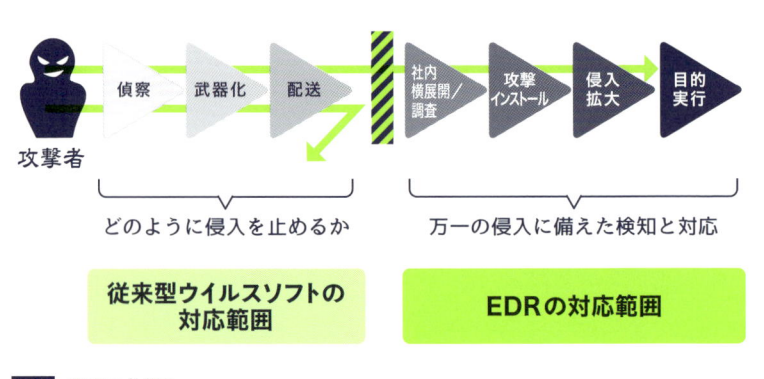

図1　EDRの仕組み

Q27

セキュリティを守るために、どうやって情報を集めればいいの？

セキュリティ対策においては「情報は宝」。けれども、専門の担当者でなければ、情報収集ばかりに時間は避けません。では、どうやって情報を集めればいいのでしょうか？

1 Twitter で流れてくる情報を眺めるのはどう？

2 そういうのこそ、国がなんとかしてくれるはずでしょ

3 うーん、やっぱりセキュリティベンダーに頼るしか…

正解 1 2 3

すべて正解。

1 Twitterで流れてくる情報を眺める

Twitterなど、普段から見ているSNSを活用するのもアリ。楽に情報収集でき、しかも情報の鮮度が高い！

2 そういうのこそ、国がなんとかしてくれる

意外かもしれませんが、政府機関をはじめ、多くの団体が無料で有用な情報を提供しています。

3 やっぱりセキュリティベンダーに頼る

セキュリティベンダーは決して宣伝目的ではなく、「サイバー世界を安全にしたい」一心で活動しています。

ITセキュリティは情報収集が基本中のキホン！

企業を安全にする、脅威から身を守るためには、アップデートやバックアップ、パスワードの強化などの基本に加え「情報収集」が重要です。

有益な情報源としてまずは、みなさんが普段見ているSNSを活用することをおすすめします。具体的にはTwitterを使い、積極的に情報発信をしている団体や個人をフォローするだけで、セキュリティに関する情報を"普段から浴びる"ことができます。特にフィッシング詐欺やメールを起点とするマルウェア情報は鮮度が命。SNSはその点でももっとも役に立つ情報源でしょう。

「セキュリティに関する政府団体」が提供する資料や各種セキュリティベンダーのブログなども重要です。技術的に深い調査結果や日本企業の意識調査などもたいへん役に立ちます。

これら多くは「無料」で提供されているため、ぜひとも活用したいところです。

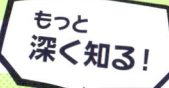
もっと
深く知る！

企業のセキュリティを
守るために重要な情報源

情報セキュリティに関する情報源は、意外にたくさんあります。しかも無料で見られるものも多く、活用しない手はありません！ では早速、有用な情報源をピックアップしていきます。

情報セキュリティ10大脅威

　「情報セキュリティ10大脅威」は、毎年4月ごろに公開される情報処理推進機構（IPA）による資料です。その前年に発生し、社会的に影響が大きかったと思われる情報セキュリティ事案がわかりやすくまとめられています 図1 。組織向けだけでなく個人向けにも書かれており、企業がいま何に気をつけるべきなのかをさっと把握できる、たいへん有用な資料です。

図1 IPAが発表した「情報セキュリティ10大脅威 2018」

順位	個人	組織
1位	インターネットバンキングやクレジットカード情報等の不正利用	標的型攻撃による被害
2位	ランサムウェアによる被害	ランサムウェアによる被害
3位	ネット上の誹謗・中傷	ビジネスメール詐欺による被害
4位	スマートフォンやスマートフォンアプリを狙った攻撃	脆弱性対策情報の公開に伴う悪用増加
5位	ウェブサービスへの不正ログイン	脅威に対応するためのセキュリティ人材の不足
6位	ウェブサービスからの個人情報の窃取	ウェブサービスからの個人情報の窃取
7位	情報モラル欠如に伴う犯罪の低年齢化	IoT機器の脆弱性の顕在化
8位	ワンクリック請求等の不当請求	内部不正による情報漏えい
9位	IoT機器の不適切な管理	サービス妨害攻撃によるサービスの停止
10位	偽警告によるインターネット詐欺	犯罪のビジネス化（アンダーグラウンドサービス）

出典：情報セキュリティ10大脅威 2018（独立行政法人 情報処理推進機構）
https://www.ipa.go.jp/security/vuln/10threats2018.html

政府・団体が提供するガイドライン

　「サイバーセキュリティ経営ガイドライン」は、経済産業省が作成した経営者に向けての資料です。このなかでは、企業のトップである経営者が知るべき、サイバーセキュリティの勘所が記載されており、まさに「必読」といえる内容です。

　サイバー攻撃から企業を守る観点で、経営者が認識する必要のある「3原則」、そして経営者が情報セキュリティ対策を実施する上での責任者となる担当幹部（CISO等）に指示すべき「重要10項目」をまとめられています。2017年11月に改訂されたポイントは「検知」と「復旧」。チェックリストとしても活用ができる資料です。

　そして経営者からCISOを任命された方に読んでいただきたいのが、上記資料をより具体的にブレイクダウンした「CISO ハンドブック」。日本ネットワークセキュリティ協会（JNSA）の有志がまとめた資料は、現場で使える具体的なひな型として活用ができるモノになっています。こちらも必読です。

　「セキュリティ7つの習慣・20の事例」はより現場に近い人に向けた、とてもわかりやすい資料です。エムオーテックス（MOTEX）社がセキュリティ識者とともにまとめ上げたもので、セキュリティやシステム管理者だけでなく「普通の人」に向けて書かれた内容になっています。セキュリティが面倒くさい、難しいと思うあなたにおすすめの教本。こちらも無料でダウンロードが可能です 図2 。

各種SNS上にある有用な情報源

　各種情報源として忘れてならないのは、SNS上にある情報です。多くのセキュリティ識者が、注意喚起や情報共有を目的として、SNSに情報を流し続けてくれています。その一部をご紹介しましょう。

　公的機関、団体のTwitterアカウントでは、いま現在発生しているフィッシング詐欺の情報や、あきらかになった脆弱性の存在などがリアルタイムでチェックできます。これをウォッチしておけば、最新の情報を押さえられるでしょう **図3** 。

図2 各種ガイドラインの配布元

名称	提供元	配布URL
サイバーセキュリティ経営ガイドライン	経済産業省	http://www.meti.go.jp/policy/netsecurity/mng_guide.html
CISOハンドブック	NPO日本ネットワークセキュリティ協会	https://www.jnsa.org/result/2018/act_ciso/index.html
セキュリティ7つの習慣・20の事例	エムオーテックス（MOTEX）	https://www.motex.co.jp/vision/enlightenment_activity/education_book/
情報セキュリティハンドブック	内閣サイバーセキュリティセンター（NISC）	https://www.nisc.go.jp/security-site/handbook/index.html
サイバーセキュリティのひみつ	情報処理推進機構（IPA）	https://www.ipa.go.jp/security/keihatsu/security-himitsu/

図3 情報セキュリティ関連の公的機関・団体のTwitterアカウント

組織・団体名	アカウント
警視庁サイバーセキュリティ対策本部	@MPD_cybersec
内閣サイバー（注意・警戒情報）	@nisc_forecast
IPA（情報処理推進機構）	@IPAjp
NISC内閣サイバーセキュリティセンター	@cas_nisc
JPCERTコーディネーションセンター	@jpcert
フィッシング対策協議会	@antiphishing_jp
電気通信大学情報基盤センター	@itc_uec

各種ベンダーの公式Twitterアカウントでは、発生した脅威の詳細情報や傾向などが見てとれます **図4**。こちらもしっかりチェックしておきましょう。

そして、有益な情報を発信してくれている個人のTwitterアカウントです **図5**。セキュリティの世界において、個人でも精力的に情報を提供してくれている方も多いです。この方たちがリツイートする情報をもとに、情報源を少しずつ広げていくと、より理解が深まるでしょう。

さらに重要なのは、その情報を収集するだけでなく「発信する」側になること。フィッシング詐欺や標的型攻撃において、外部に公開できる情報に関してはぜひ積極的に公開してほしいと思います。特にマルウェアに感染したときには、その元となったメールの件名や添付ファイルの情報、マルウェアの通信先のIPアドレスなどの情報を、IPA[1]や警察[2]へ提供したり、SNSへ注意喚起を行うことも視野に入れてください。あなたのその小さな一歩が、もしかしたら他の企業にとっては被害を軽減する大きな情報になるはずです。

図4 各セキュリティベンダーの公式Twitterアカウント

ベンダー名	アカウント
マイクロソフト セキュリティチーム	@JSECTEAM
情報セキュリティのラック	@lac_security
カスペルスキー 公式	@kaspersky_japan
トレンドマイクロ	@trendmicro_jp

図5 セキュリティの世界で有益な情報を発信する個人のTwitterアカウント

名前／ハンドルネーム	アカウント
piyokango氏	@piyokango
にゃん☆たく氏	@taku888infinity
辻 伸弘氏	@ntsuji
北河拓士氏	@kitagawa_takuji
根岸征史氏	@MasafumiNegishi

※1：IPAのサイトにある「届出・相談・情報提供」ページ
　　　https://www.ipa.go.jp/security/outline/todoke-top-j.html
※2：警察庁「フィッシング110番」のページ
　　　https://www.npa.go.jp/cyber/policy/phishing/phishing110.htm

Q28

IT社会と
セキュリティ対策の
未来は明るい？ 暗い？

セキュリティの話はとかく暗く重くなりがちですが、
これから先、私たちが生きる社会のIT化がますます加速していくと、
セキュリティ上の脅威も同じように増大していくのでしょうか？

1 悪貨は良貨を駆逐する。
残念ながら、変わらんよ

2 天定まって亦能く人に勝つ。
みんなの力で
変えていけるのさ

3 一寸先は闇。
未来に何が起きるかは、
誰もわからない

正解

2 天定まって亦能く人に勝つ。みんなの力で変えていけるのさ

例え一時的に悪が勝つことがあっても、天運が正常に戻れば善が栄えます。

1 悪貨は良貨を駆逐する。残念ながら、変わらんよ

その状況を変えようと、多くのセキュリティエンジニアたちが日々奮闘しています。

3 一寸先は闇。未来に何が起きるかは、誰もわからない

未来に起きることは予測できなくても、"準備"はできます。備えあれば憂いなし！

ITの「正しい進化」に期待する

セキュリティの世界はとても広く、深いものです。サイバー攻撃は深く静かに行われるだけではなく、「お前のデータは預かった、返してほしければ身代金を払え」とあからさまに脅してくるものや、知らないうちに加害者にされる危険をはらむものまでさまざま。個人であろうが組織であろうが関係なく、脅威やリスクが遍在しているのが現在のインターネットです。

でも、ITの「正しい進化」が著しいことにも注目してください。スマートフォンが登場してから、私たちの生活は格段に便利になったはずです。同じような「正しい進化」が、セキュリティにおいても芽吹き始めています。

私は将来、いま苦労しているセキュリティ上の問題の多くが「ITの力」で解決されていくと楽観視しています。その背景には、いま現在も最前線で働くセキュリティエンジニアの姿があります。彼ら、彼女らの狙いは「セキュリティという言葉を死語にすること」。その未来はすぐそばにあるはずです。

IT社会とセキュリティの未来を明るくするために

AIやIoTの普及が進んだらセキュリティ上の脅威も増えるのか……と悲観的になる方がいるかもしれませんが、ITの進化で未来を明るくすることもできるはず。そのためにいますべきことを考えてみましょう。

ITやセキュリティの将来を担う人材を育てる

　毎年夏になると、日本全国の学生たちが集まり、トップレベルのセキュリティ専門家が最先端の技術を教える「セキュリティ・キャンプ」が開催されます。このイベントはセキュリティ・キャンプ協議会と情報処理推進機構（IPA）が中心となり、国内の多くのセキュリティ関連企業が後援して行われているものです 図1 。

　また、海外に目を向けると、毎年ラスベガスで全世界の"いいハッカー"が技術を紹介し合うハッカーイベントが開催され、あっと驚くような技術や攻撃手法が披露されます（もちろん、既に対策されているものだけが発表されます）。

図1 セキュリティ・キャンプの概要
一般社団法人セキュリティ・キャンプ協議会　https://www.security-camp.or.jp/camp/

🐱 将来「セキュリティが死語になる」、その日まで

　このような場が設けられるのは、まだ専門家たちが「あきらめていないから」。専門家たちは、私たち一般の人間がセキュリティを意識しなくても、安全・安心に暮らせることを目指し、日々努力を重ねています。

　セキュリティ・キャンプなどの育成の場やラスベガスのハッカーイベントでは、チームに分かれてお互いのシステムを攻撃し合い、疑似的にサイバー攻撃を体感する「CTF（Capture the Flag：旗を奪え！）」というゲームを開催しています。まさに人と人とが技術でぶつかり合う競技なのですが、先日はとうとう、このCTFに異変が訪れました。人対人ではなく、「システム対システム」、攻撃も防御もプログラムだけで競うものが出てきた模様です。

　例えば「AI」に代表されるように、人が蓄積してきたノウハウをコンピューターが活用できるようになりました。サイバー攻撃の最前線では、いまも人の目で監視し、さまざまな相関を調べ、攻撃者の痕跡をパズルのピースを組み立てるがごとく解析しています。将来的には彼ら、彼女らのノウハウをAIが学習し、人間はさらにその先を行くことになるはず。

　そのとき、もしかしたら一般の人にとって「セキュリティ」という言葉が死語になるかもしれませんね。それまではぜひ、「OSやアプリケーションを最新のバージョンにアップデートすること」「（普段はネットワークをつなげていない場所にも）データのバックアップを取ること」「パスワードをしっかり管理し、できる限り2段階認証を行うこと」を心がけてください。

ご注意
ください…

今日から実施すべき「セキュリティ対策3か条」。
その1、OSやアプリケーションのアップデート。
その2、大切なデータは日頃からバックアップを取る。
その3、パスワードをしっかり管理する。
これだけでだいぶリスクは減るはずです……。

著者プロフィール

宮田 健（みやた・たけし）

国内大手SI事業者、および外資系大手サポートにてエンジニア経験を積み、2006年にITに関する記者・編集者に転身。その後はアイティメディアのエンジニア向けメディア「＠IT」編集者として、エンタープライズ系セキュリティに関連する情報を追いかける。
2012年よりフリーランスとして活動を開始し、"普通の人"にもセキュリティに興味を持ってもらえるよう、日々模索を続けている。
個人としては"広義のディズニー"を取り上げるWebサイト「dpost.jp」を運営中。公私混同をモットーにITとエンターテイメントの両方を追いかけている。

■ dpost.jp
http://dpost.jp/about/

木曜日の
フルット

本書に登場する
キャラクター
紹介
〜その2〜

👣 頼子

整体師。たびたび鯨井先輩のアパートを訪れては世話を焼く、できた後輩。

👣 マリア

フルットのごはんを上空から狙うカラス。

👣 ダニー

フルットの体に住み着いている誇り高きノミ。

👣 ショコラ

フルットがペットショップで暮らしていた頃の仲間。現在は飼いネコ。

👣 ケイト

メスの飼いネコ。毛糸玉を操り、これを脱走道具にしたり、武器にしたり。

👣 コメット

デン一派が保護した子ネコ。強くなるためフルットの弟子になる。

キャラクター紹介（その1）はP8へ ←

原作『木曜日のフルット』　石黒正数
企画協力　　　株式会社秋田書店

▨ 制作スタッフ

[装丁・本文デザイン]　齋藤いづみ
[DTP]　　　　　生田 祐子（ファーインク）
[編集協力]　　中山貴禎（大学共同利用機関法人 自然科学研究機構）
[編 集 長]　　後藤憲司
[担当編集]　　熊谷千春

Q&Aで考えるセキュリティ入門
「木曜日のフルット」と学ぼう！

2019年2月11日　初版第1刷発行

[著　者]　　宮田 健

[発行人]　　山口康夫

[発　行]　　株式会社エムディエヌコーポレーション
　　　　　　〒101-0051　東京都千代田区神田神保町一丁目105番地
　　　　　　https://books.MdN.co.jp/

[発　売]　　株式会社インプレス
　　　　　　〒101-0051　東京都千代田区神田神保町一丁目105番地

[印刷・製本]　中央精版印刷株式会社

【カスタマーセンター】
造本には万全を期しておりますが、万一、落丁・乱丁などがございましたら、送料小社負担にてお取り替えいたします。お手数ですが、カスタマーセンターまでご返送ください。

■ 落丁・乱丁本などのご返送先
〒101-0051　東京都千代田区神田神保町一丁目105番地
株式会社エムディエヌコーポレーション カスタマーセンター
TEL：03-4334-2915

■ 書店・販売店のご注文受付
株式会社インプレス　受注センター
TEL：048-449-8040／FAX：048-449-8041

ISBN978-4-8443-6839-7　　C3055